ERGEBNISSE AUS DER PRODUKTIONSTECHNIK

Lukas Klee

Auslegung des Druckprozesses beim Binder Jetting zur Herstellung von Verzahnungen mit hoher Zahnfußtragfähigkeit

Herausgeber:
Prof. Dr.-Ing. Dipl.-Wirt. Ing. G. Schuh
Prof. Dr.-Ing. C. Brecher
Prof. Dr.-Ing. R. H. Schmitt

Band 15/2025

WZL | RWTH AACHEN UNIVERSITY

Fraunhofer IPT

Bibliografische Information der Deutschen Nationalbibliothek
Die Deutsche Nationalbibliothek verzeichnet diese Publikation in der Deutschen Nationalbibliografie; detaillierte bibliografische Daten sind im Internet über https://portal.dnb.de abrufbar.

Lukas Klee:

Auslegung des Druckprozesses beim Binder Jetting zur Herstellung von Verzahnungen mit hoher Zahnfußtragfähigkeit

1. Auflage, 2025

Gedruckt auf holz- und säurefreiem Papier, 100% chlorfrei gebleicht.

Wissenschaftsverlag des Instituts für Industriekommunikation und Fachmedien an der RWTH Aachen
Steinbachstr. 25, 52074 Aachen, Deutschland
Internet: www.apprimus-verlag.de, E-Mail: info@apprimus-verlag.de

Druck: CPI Druckdienstleistungen GmbH
Ferdinand-Jühlke-Straße 7 | 99095 Erfurt | Deutschland

ISBN 978-3-98555-299-3

D 82 (Diss. RWTH Aachen University, 2025)

Vorwort

Preface

Die vorliegende Dissertation entstand während meiner Tätigkeit als wissenschaftlicher Mitarbeiter im Forschungsbereich Getriebetechnik am Werkzeugmaschinenlabor (WZL) / Manufacturing Technology Institute (MTI) der RWTH Aachen University.

Für die Unterstützung bei meiner Arbeit und der Erstellung meiner Dissertation möchte ich mich insbesondere bei Herrn Prof. Dr.-Ing. Thomas Bergs, Leiter des Lehrstuhls für Fertigungstechnologie, bedanken. Ebenso gilt mein Dank Herrn Prof. Dr.-Ing. Christoph Broeckmann, Leiter des Lehrstuhls für Werkstoffanwendungen im Maschinenbau, für die Übernahme des Koreferats und die Diskussion meiner Arbeit. Darüber hinaus danke ich Herrn Prof. Dr.-Ing. Christian Hopmann, Leiter des Lehrstuhls für Kunststoffverarbeitung, für die Übernahme des Prüfungsvorsitzes.

Die in der vorliegenden Dissertation vorgestellten Arbeiten basieren im Wesentlichen auf Ergebnissen aus dem Forschungsvorhaben DFG BE2542/134-1, das von der Deutschen Forschungsgemeinschaft gefördert wurde. Für die finanzielle Unterstützung möchte ich mich an dieser Stelle bedanken. Zudem möchte ich mich für die konstruktiven Diskussionen im Rahmen der Arbeitstagung Zahnrad- und Getriebetechnik sowie dem Arbeitskreis Getriebekreis bedanken.

Mein Dank gilt weiterhin meinen Oberingenieuren Dr.-Ing. Jens Brimmers und Dr.-Ing. Mareike Davidovic, die mich sowohl fachlich als auch persönlich gefördert haben. Für die kritische Durchsicht des Manuskripts und die wertvollen Anregungen danke ich Emil-Elias Breuer, Christian Eggert und Dr.-Ing. Mareike Davidovic. Bei allen Kolleginnen und Kollegen der Getriebeabteilung bedanke ich mich zum einen für die Diskussionen und den fachlichen Austausch. Zum anderen hat die kollegiale Atmosphäre sowie ein gewisser Ausgleich fernab vom Schreibtisch und den Maschinen auch in arbeitsintensiven Zeiten maßgeblich zum Gelingen meiner Arbeit beigetragen. Namentlich hervorheben möchte ich meine aktiven wie ehemaligen Kollegen Dr.-Ing. Felix Kühn, Dr.-Ing. Tim Frech, Dr.-Ing. Julia Mazak, Dr.-Ing. Nico Troß, Dr.-Ing. Philipp Scholzen, Moritz Zalfen, Adrianos Georgoussis, Christian Eggert und Gerrit Hellenbrand sowie aus der Gruppe der Getriebefertigung Emil-Elias Breuer, Melina Kamratowski, Harry Alexopoulos, Stylianos Tsakiris, Steffen Hendricks, Mariana Wilfinger, Ingmar Emonts und Kevin Broch. Des Weiteren danke ich den Kollegen Oliver Schenk, Frederik Tegeder, Yuanbin Deng und Sammy-Joe Abraham des Instituts für Werkstoffanwendungen im Maschinenbau für die konstruktiven Diskussionen und die Unterstützung.

Bedanken möchte ich mich ebenfalls bei meinen ehemaligen studentischen Hilfskräften und Abschlussarbeitern für ihre Unterstützung und ihr Engagement. In Bezug auf diese Arbeit möchte ich Thao Baszenski, Laurent Schüssler und Emil-Elias Breuer besonders hervorheben.

Der größte Dank gilt meiner Familie, vor allem meinen Eltern, für Ihre unermüdliche Unterstützung und Ermutigung zu jeder Zeit. Zuletzt gilt mein Dank meiner Partnerin Nadine, die mir stets den notwendigen Rückhalt gab, viel Geduld bewies und jederzeit motivierende Worte fand. Ohne die familiäre Unterstützung wäre die vorliegende Arbeit nicht entstanden. Jederzeit konnte ich mich auf meine Familie verlassen.

Aachen, im Juli 2025

Kurzzusammenfassung

Pulvermetallurgisch (PM) hergestellte Zahnräder weisen aufgrund der endkonturnahen Fertigung ein hohes Potenzial zur Steigerung der Kosten- und Ressourceneffizienz auf. Ein Vorteil pulvermetallurgisch hergestellter Zahnräder ist die im Vergleich zur konventionellen subtraktiven Fertigung prozessbedingte geringere Bauteildichte respektive -porosität. Die Herstellung pulvermetallurgischer Zahnräder durch Matrizenpressen ist aufgrund der speziellen Anlagentechnik erst bei großen Losgrößen bzw. in der Serienfertigung wirtschaftlich. Das Binder Jetting von Zahnrädern bietet bei ähnlicher Prozesskette die Möglichkeit, die Vorteile pulvermetallurgisch hergestellter Zahnräder in der Kleinserien- und Prototypenfertigung abzubilden. Mit dem additiven Fertigungsverfahren soll die Fertigung von Zahnrädern, welche sämtliche Anforderungen hinsichtlich Wirtschaftlichkeit, Qualität und Bauteilfestigkeit erfüllen, in Kleinserie prozesssicher und reproduzierbar ermöglicht werden.

In dieser Arbeit wurde der Druckprozess beim Binder Jetting zur Fertigung von Zahnrädern mit hoher Zahnfußtragfähigkeit ausgelegt. Die Bewertung und Verifizierung erfolgte zum einen anhand der rissfreien Fertigung und Reproduzierbarkeit der mechanischen Eigenschaften, sowie zum anderen durch die resultierende Zahnfußtragfähigkeit. Erstmalig wurden Parameter des Binder Jetting Druckprozesses für die Zahnradfertigung in Kleinserie unter der Berücksichtigung resultierender mechanischer Eigenschaften abgeleitet. Die wissenschaftliche Auslegung der dem Druckprozess folgenden thermischen Prozesse war nicht Teil dieser Arbeit. Die Entbinderung und Sinterung erfolgte durch einen externen Dienstleister. Die generierten Ergebnisse wurden durch den Vergleich der Zahnfußtragfähigkeit von schmelzmetallurgisch, subtraktiv gefertigten Zahnrädern gleichen Werkstoffes und selber Geometrie eingeordnet. Die Zahnräder wurden hinsichtlich der Zahnfußtragfähigkeit im Zeit- und Dauerfestigkeitsbereich untersucht und eine Wöhlerlinie wurde ermittelt. Die für den Binder Jetting Prozess auf der verwendeten Versuchsmaschine DM P2500 der Firma DIGITAL METAL AB zur Verarbeitung zertifizierten nichtrostenden Edelstähle 316L (X2CrNiMo17-12-2) und 17-4PH (X5CrN-CuNb16-4) wurden berücksichtigt. Zudem wurde analysiert, inwieweit die Zahnfußtragfähigkeit von Binder Jetting Zahnrädern durch die Nutzung von Werkstoffproben ressourceneffizient abgeschätzt werden kann.

Die Kenntnis der Wechselwirkungen der einzelnen Binder Jetting Prozessparameter im Pulver- und Binderauftrag sowie deren Auswirkungen auf die Eigenschaften des Grünteils und die nachgelagerten thermischen Prozesse erlaubt nun eine gezielte Auslegung des Druckprozesses zur Fertigung von Zahnrädern mit möglichst hoher Zahnfußtragfähigkeit. Zukünftige Anpassungen des Zahnraddruckprozesses aufgrund von Modifikationen oder weiteren Werkstoffentwicklungen können initial anhand von Umlaufbiegeproben hinsichtlich der Zahnfußtragfähigkeit bewertet werden.

Abstract

Due to near netshape production, powder metallurgically manufactured (PM) gears have a high potential to increase cost and resource efficiency. Compared to conventionally manufactured gears, one advantage of powder metallurgically manufactured gears is the lower component density resp. porosity. Due to the specific process technology, the manufacturing of PM gears with die pressing is only economical for large batch sizes in series production. Binder Jetting of gears offers the possibility of reproducing the advantages of powder metallurgically manufactured gears in small series and prototype production with a similar process chain. For small batches, additive manufacturing offers an approach to manufacture gears that meet the requirements in terms of economic efficiency, quality and strength of the manufacturing process.

In this thesis, the printing process in Binder Jetting has been designed for the manufacturing of gears with a high tooth bending strength. The suitability of Binder Jetting for small series and prototype gear manufacturing is verified by the crack-free production and reproducibility of the mechanical properties, as well as by the tooth bending strength. For the first time, parameters of the Binder Jetting printing process for small series gear production were developed taking into account the resulting mechanical properties. The scientific design of the post-printing thermal processes was not part of this work. Debinding and sintering were performed by an external supplier. The results were classified by comparing the tooth bending strength with those of conventional reference gears of the same material and geometry. Both, fatigue and endurance strength of the gears were investigated and the results were summarized in a SN-curve. The focus of this thesis was on the stainless steels 316L (X2CrNiMo17-12-2) and 17-4PH (X5CrN-CuNb16-4), which are certified using DIGITAL METAL AB's DM P2500. Moreover, the use of rotary bending specimens as material samples for initial estimation of the tooth bending strength of Binder Jetting gears resource efficiently was determined.

The knowledge of the interactions between the various Binder Jetting process parameters in the powder and binder application as well as their effects on the properties of the green part and the following thermal processes now allows a precise design of the printing process for the production of gears with the highest possible tooth bending strength. Future adjustments to the gear printing process, due to modifications or further material developments, can initially be evaluated with regard to tooth bending strength using rotary bending specimens.

Inhaltsverzeichnis

Content

Formelzeichen und Abkürzungsverzeichnis

Formula Symbols and Abbreviations

Buchstaben

A	%	Bruchdehnung
A_f	cm^2	Grundfläche Probekörper Skalierungsfaktoren
A_T	-	Auswertevariable Treppenstufenverfahren
a	mm	Zustellung beim Dichtwalzen
B_T	-	Auswertevariable Treppenstufenverfahren
b_2	mm	Zahnbreite
C	-	Kohlenstoff (Graphit)
C	-	Wälzpunkt
Ca	-	Kapillarzahl
Cr	-	Chrom
Cu	-	Kupfer
D	-	Äußerer Eingriffspunkt Zahn
$DF_{50\%}$	-	Dauerfestigkeitsgerade bei einer Ausfallwahrscheinlichkeit von 50 %
D_s	µm	Schichtdicke
$d_{a,2}$	mm	Kopfkreisdurchmesser
d_{agglo}	µm	Agglomeratdurchmesser
$d_{f,2}$	mm	Fußkreisdurchmesser
d_k	µm	Korngröße Pulver
d_W	mm	Wälzkreisdurchmesser
E	N/mm^2	Elastizitätsmodul
E_K	N/mm^2	Elastizitätsmodul Kern
E_R	N/mm^2	Elastizitätsmodul Rand
F	N	Kraft
$F(t)$	kN	Pulsatorprüfkraft
F_A	kN	Kraftamplitude Pulsator
ΔF_A	kN	Stufensprung Treppenstufenverfahren
$F_{A,mittel}$	kN	Kraftamplitude Pulsator (gemittelt)
Fe	-	Eisen

F_m	kN	Mittlere Pulsatorprüfkraft
F_N	N	Normalkraft
F_o	kN	Obere Pulsatorprüfkraft
F_P	µm	Teilungs-Summenabweichung
F_R	µm	Rundlauffehler
$F_{R,Scheibe,ZR}$	N	Reibkraft zwischen Sintersupport und Zahnrad
$F_{R,Scheibe,Keramik}$	N	Reibkraft zwischen Sintersupport und Sinterunterlage
F_T	-	Auswertevariable Treppenstufenverfahren
F_t	N	Nenntangentialkraft / Umfangskraft
F_u	kN	Untere Pulsatorprüfkraft
$F_{U,ZR}$	-	Umrechnungsfaktor zur Abschätzung der Zahnfuß-nennspannung
F_W	kN	Walzkraft Dichtwalzen
f	mm/min	Vorschub
$f_{f\alpha}$	µm	Profil-Formabweichung
$f_{f\beta}$	µm	Flankenlinien-Formabweichung
$f_{H\alpha}$	µm	Profil-Winkelabweichung
$f_{H\beta}$	µm	Flankenlinien-Winkelabweichung
f_i	-	Anzahl Ereignisse pro Lastniveau beim Treppenstufen-verfahren
f_p	Hz	Pulsatorfrequenz
f_p	µm	Teilungs-Einzelabweichung
f_z	Hz	Zahneingriffsfrequenz
h	mm	Höhe (Linienversuch)
h_{Fe}	mm	Biegehebelarm
i	-	Lastniveau Treppenstufenverfahren
K_z	-	Korrekturfaktor Z-Richtung
k	-	Varianz Treppenstufenverfahren
l	mm	Länge (Linienversuch)
l_i	mm	Bauteilabmessung der Koordinatenrichtung i (Skalie-rungsfaktoren)
Mn	-	Mangan
Mo	-	Molybdän

m	kN	Mittelwert Treppenstufenverfahren
m_{Binder}	g	Masse des Binders
m_d	-	Dichteexponent (BEISS)
$m_{n,2}$	mm	Normalmodul Werkstück
m_{Pulver}	kg	Masse des Pulvers
N_G	-	Grenzschwingzahl Pulsatorversuch / Umlaufbiegeversuch
Ni	-	Nickel
$N_ü$	-	Anzahl Überrollungen Dichtwalzen
$N_{x\%,1}$	-	Lastspielzahl Lastniveau 1 für Ausfallwkt. x%
$N_{x\%,2}$	-	Lastspielzahl Lastniveau 2 für Ausfallwkt. x%
$N_{x\%,SP}$	-	Lastspielzahl Schnittpunkt Zeit-/ Dauerfestigkeit für Ausfallwkt. x%
n_0	min^{-1}	Drehzahl Werkzeug
P	-	Phosphor
P	-	Porositätsabhängige Eigenschaft
P_0	-	Porositätsabhängige Eigenschaft bei voller Dichte (BEISS)
P_a	%	Ausfallwahrscheinlichkeit / Bruchwahrscheinlichkeit
P_L	W	Laserleistung LPBF
p_H	MPa	HERTZ'sche Pressung
p_{press}	MPa	Pressdruck
$Q_{3(x)}$	%	Summenhäufigkeit
$q_{3(x)}$	%	Relative Häufigkeit
R	-	Spannungsverhältnis
$R30$	mm	Radius 30 mm
R_m	MPa	Zugfestigkeit
$R_{p0,2}$	MPa	Streckgrenze
RT	°C	Raumtemperatur
S	%	Bindersättigung
ΔS	MPa	Laststufensprung (UB)
SD	-	Standardabweichung
S_{D0}	kN	Unterstes Lastniveau Treppenstufenverfahren

S_{Fi}	-	Skalierungsfaktor
s	mm	Dicke Sinterunterlage
s_a	mm	Walzaufmaß
$s_{a,max}$	mm	Maximales Walzaufmaß
T_B	°C	Temperatur Bauplattform Drucker
T_C	°C	Curingtemperatur
T_D	°C	Entbindertungstemperatur (Debinding)
T_P	°C	Pulvertemperatur
T_S	°C	Sintertemperatur
t	h	Druckzeit
t_h	h	Haltezeit im Ofen (Curing / Entbindern / Sintern)
t_R	h	Rampenzeit Curing / Entbindern / Sintern
V	l/h	Volumenstrom
V_{Binder}	ml	Bindervolumen
v_c	m/s	Schnittgeschwindigkeit
v_d	m/s	Binderauftragsgeschwindigkeit / Druckgeschwindigkeit (Druckkopf)
v_p	mm/s	Pulverauftragsgeschwindigkeit
v_s	mm/s	Scangeschwindigkeit LPBF
$v_{tr,h}$	mm/s	Horizontaler Geschwindigkeitsanteil eines Bindertropfens
$x_2{}^*$	-	Profilverschiebungsfaktor
x_{Rand}	mm	Randabstand
x_{Start}	mm	Startachsabstand beim Dichtwalzen
Y_F	-	Formfaktor
Y_S	-	Spannungskorrekturfaktor
z	mm	Höhe Sandwichbalken
z_0/z_2	-	Zähnezahl Werkzeug / Werkstück
$Z_{F50\%}$	-	Zeitfestigkeitsgerade bei einer Ausfallwahrscheinlichkeit von 50 %
$z_{geklemmt}$	-	Anzahl der eingespannten Zähne eines Zahnrades auf dem Pulsatorprüfstand

Griechische Buchstaben

$\alpha_{n,2}$	°	Eingriffswinkel
β_2	°	Schrägungswinkel
γ_{LV}	N/m	Oberflächenspannung des Binders
γ_{SL}	N/m	Grenzflächenspannung zwischen Partikel und Binder
γ_{SV}	N/m	Oberflächenspannung des Partikels
Δy_s	µm	Spurabstand (Hatchabstand) LPBF
ε	%	Dehnung
ε_α	-	Profilüberdeckung
ε_P	%	Porosität
η	-	Viskosität des Binders
θ	°	Intrinsischer Benetzungswinkel
θ_a	°	Wahrer Benetzungswinkel
θ_d	°	Dynamischer Benetzungswinkel
ρ	g/cm^3	Dichte (BEISS)
ρ_0	g/cm^3	Dichte des porenfreien Zustandes (BEISS)
ρ_F	mm	Zahnfußrundungsradius
ρ_{rel}	%	Relative Sinterdichte
$\Delta\rho_{rel}$	%	Differenz der relativen Sinterdichte
$\rho_{rel,m}$	%	Mittlere relative Grünteildichte
$\rho_{rel,max}$	%	Maximale relative Grünteildichte
$\rho_{rel,min}$	%	Minimale relative Grünteildichte
σ	N/mm^2	Biegespannung
σ_1	N/mm^2	Hauptspannung gemäß Mohr'schem Spannungskreis
σ_{bw}	N/mm^2	Biegespannung / Wechselfestigkeit aus Umlaufbiegung
$\sigma_{bw,mittel}$	N/mm^2	Mittlere Biegespannung (Umlaufbiegung)
σ_D	N/mm^2	Druckspannung
σ_{F0}	N/mm^2	Zahnfußnennspannung
$\sigma_{F0,Pulsator,mittel}$	N/mm^2	Mittlere Zahnfußnennspannung (Pulsator)
σ_m	N/mm^2	Mittelspannung
σ_Z	N/mm^2	Zugspannung
σ_{zdw}	N/mm^2	Zug-Druck-Wechselfestigkeit

τ	N/mm²	Eigenspannung in tangentialer Richtung

Abkürzungen

acc.	according (Englisch)
AM	Additive Manufacturing / Additive Fertigung
Ausfallwkt.	Ausfallwahrscheinlichkeit
BJT	Binder Jetting
CAD	Computer Aided Design
DIN	Deutsches Institut für Normung
eng.	englisch
FEM	Finite-Elemente-Methode
FKM	Forschungskuratorium Maschinenbau
HBW	Härte BRINELL
LPBF	Laser Powder Bed Fusion
LW	Lastwechsel
Mio.	Millionen
PM	Pulvermetallurgie
UB	Umlaufbiegung
UHCF	Ultra High Cycle Fatigue
Vol.	Volumen
#	Schichtanzahl
3D	3-Dimensional

1 Einleitung

German Introduction

Pulvermetallurgisch (PM) hergestellte Zahnräder weisen aufgrund der endkonturnahen Fertigung ein hohes Potenzial zur Steigerung der Kosten- und Ressourceneffizienz auf. Ein Vorteil pulvermetallurgisch hergestellter Zahnräder ist die im Vergleich zur konventionellen subtraktiven Fertigung prozessbedingte geringere Bauteildichte respektive -porosität. Mit der Porosität geht eine Gewichtsreduktion und eine mögliche Optimierung des „Noise Vibration Harshness" (NVH) Verhaltens der Zahnräder einher [MAND06]. Aufgrund der zukünftig zu erwartenden Abkehr der Automobilindustrie von Verbrennungskraftmaschinen hin zu elektrifizierten Antriebssträngen gewinnt die Optimierung des Geräuschverhaltens von Getriebekomponenten eine zunehmende Bedeutung [VDMA18]. Pulvermetallurgische Zahnräder können sowohl mittels Matrizenpressen als auch mittels additiver Fertigung (Additive Manufacturing, AM) gefertigt werden. Die pulverbettbasierten additiven Fertigungsverfahren für Metalle werden in sinterbasierte (z.B. Binder Jetting, BJT) und strahlbasierte, thermische Verfahren (z.B. Laser Powder Bed Fusion, LPBF) unterteilt. Die Herstellung pulvermetallurgischer Zahnräder durch Matrizenpressen ist aufgrund der speziellen Anlagentechnik erst bei großen Losgrößen bzw. in der Serienfertigung wirtschaftlich [BERG20b]. Die Fertigung pulvermetallurgischer Zahnräder in Kleinserie ist wirtschaftlich aktuell nicht möglich. Mit additiven Fertigungsverfahren soll die Fertigung von Zahnrädern, welche sämtliche Anforderungen hinsichtlich Wirtschaftlichkeit, Qualität und Bauteilfestigkeit erfüllen, in Kleinserie ermöglicht werden. Grundsätzlich sei anzumerken, dass bei Vergleichen von sowohl mittels uniaxialem Matrizenpressen als auch additiver Fertigung hergestellten Zahnrädern häufig unterschiedliche Werkstoffe verwendet werden.

Im Bereich mechanisch hoch belasteter Antriebsbauteile ist die additive Fertigung metallischer Werkstoffe bisher nicht etabliert, da trotz optimierter Prozessführung geringere Festigkeitskennwerte resultieren. Der häufigste Versagensmechanismus pulvermetallurgisch hergestellter Zahnräder ist der Bruch im Zahnfuß aufgrund der Biegebelastung [STRE97, KOTT03]. Somit ist die Zahnfußbelastung deutlich kritischer als die Flankenbelastung anzusehen.

Das Binder Jetting von Zahnrädern bietet bei ähnlicher Prozesskette die Möglichkeit, die Vorteile pulvermetallurgisch hergestellter Zahnräder in der Kleinserienfertigung abzubilden. Im Binder Jetting Prozess werden Bauteilgrünteile bzw. Bauteilgrünlinge erzeugt, welche durch sekundäre Wärmebehandlungsprozesse konsolidiert werden. Beim Sinterprozess gehen die benachbarten Pulverpartikel eine Diffusionsbindung ein [BEIS12]. Das Bauteilvolumen mittels Binder Jetting gefertigter Bauteile schrumpft aufgrund von auftretender Schwindung [KLOC18]. Bisher existiert keine Auslegungsmethode des Binder Jetting Druckprozesses zur Fertigung von hochbelastbaren Zahnrädern. Auf kommerziellen Binder Jetting Anlagen werden bisher insbesondere nichtrostende Edelstähle (420er Stahl, 316L, 17-4PH) sowie Titanlegierungen und Kupfer verarbeitet [ANDE18, DUTT19, HÖGA20, MOST21]. Die Nutzung der Werkstoffe ist auf die vom Druckerhersteller zertifizierten Werkstoffe beschränkt.

Im Binder Jetting Druckprozess sind unterschiedliche Prozessparameter einstellbar. Zum einen sind die Charakteristika des verwendeten Pulvers und Binders zu berücksichtigen, zum anderen beeinflussen die maschinenabhängigen Parameter die Qualität des Endbauteils maßgeblich. Die variablen Stellgrößen im Druckprozess sind zwar individuell einstellbar, jedoch müssen die resultierenden Eigenschaften im Gesamten bewertet werden, da die Fertigungsparameter unterschiedliche Wechselwirkungen aufweisen. Daher soll in dieser Arbeit der Druckprozess beim Binder Jetting zur Fertigung von Zahnrädern mit hoher Zahnfußtragfähigkeit ausgelegt werden. Die für den Binder Jetting Prozess auf der verwendeten Versuchsmaschine DM P2500 der Firma DIGITAL METAL AB zur Verarbeitung zertifizierten nichtrostenden Edelstähle 316L (X2CrNiMo17-12-2) und 17-4PH (X5CrN-CuNb16-4) werden berücksichtigt. Beide für den Binder Jetting Prozess etablierten Werkstoffe sind nicht den typischen Zahnradwerkstoffen zuzuordnen, dienen aber der erstmaligen Ableitung von Binder Jetting Druckparametern für die komplexe Zahnradfertigung. Daher ist die wissenschaftliche Auslegung der folgenden thermischen Nachbehandlung nach dem Druckprozess nicht Teil dieser Arbeit. Die Entbinderung und Sinterung wird von einem externen Dienstleister durchgeführt. Die Bewertung des Druckprozesses erfolgt zum einen anhand der rissfreien Fertigung und Reproduzierbarkeit der mechanischen Eigenschaften, sowie zum anderen durch die resultierende Zahnfußtragfähigkeit. Die generierten Ergebnisse können durch den Vergleich mit der Zahnfußtragfähigkeit von schmelzmetallurgisch, subtraktiv gefertigten Zahnrädern gleichen Werkstoffes und gleicher Geometrie eingeordnet werden. Zudem wird analysiert, inwieweit die Zahnfußtragfähigkeit von Binder Jetting Zahnrädern durch die Nutzung von Werkstoffproben ressourceneffizient abgeschätzt werden kann.

Introduction

Due to near netshape production, powder metallurgically manufactured (PM) gears have a high potential to increase cost and resource efficiency. Compared to conventionally manufactured gears, one advantage of powder metallurgically manufactured gears is the lower component density resp. porosity. These advantage is accompanied by the reduction of weight and the possibility of optimizing the "Noise Vibration Harshness" (NVH) behavior of a gear. Due to the expected future shift of the automotive industry from combustion engines to electrified powertrains, the optimization of the noise behavior of transmission components is becoming increasingly important [VDMA18]. Powder metallurgical gears may be manufactured by both, die pressing and additive manufacturing (AM). The powder bed-based additive manufacturing processes for metals can be classified into sinter-based (e.g. Binder Jetting, BJT) and beam-based thermal processes (e.g. Laser Powder Bed Fusion, LPBF). Due to the specific process technology, the manufacturing of PM gears with die pressing is only economical for large batch sizes in series production [BERG20b]. For small batches, additive manufacturing offers an approach to manufacture gears that meet the requirements in terms of economic efficiency, quality and strength of the manufacturing process. When comparing gears produced by uniaxial die pressing and additive manufacturing, it is important to note that different materials are often used.

Additive manufacturing has not yet been established in the area of mechanically highly stressed drive components, as lower mechanical strength result despite optimized process control. The most common failure mechanism of powder metallurgically manufactured gears is tooth root fracture due to bending stress [STRE97, KOTT03]. Therefore, the tooth root bending strength is more critical than the flank load capacity.

Binder Jetting of gears offers the possibility of reproducing the advantages of powder metallurgically manufactured gears in small series production with a similar process chain. The BJT process produces green parts of gears which are consolidated by secondary heat treatment processes. During the sintering process, the powder particles form a diffusion bond [BEIS12]. The component volume of parts manufactured using Binder Jetting decreases due to shrinkage [KLOC18]. So far, no design guideline exists for the printing process of highly stressed Binder Jetting gears. To date, commercial systems mainly process stainless steels (steel 420, 316L, 17-4 PH) as well as titanium alloys such as Ti6A14V and copper [ANDE18, DUTT19, HÖGA20, MOST21]. The use of the materials is limited to the materials certified by the printer manufacturer.

During the Binder Jetting printing process, several parameters have to be defined. On the one hand, the characteristics of the powder and binder used must be considered, and on the other hand, the machine-dependent production parameters have a significant influence on the quality of the final component. Although the control variables in production can be set individually, the resulting properties must be evaluated as a collective because the production parameters have different interactions. The interactions of the individual parameters are not fully known. Therefore, the objective of this thesis is to design the printing process in Binder Jetting for the manufacturing of gears with a high tooth bending strength. The focus of this work was on the stainless steels 316L (X2CrNiMo17-12-2) and 17-4PH (X5CrN-CuNb16-4), which are certified using DIGITAL METAL AB's DM P2500. Both Binder Jetting materials are not typical gear materials, but are used for the first time to derive Binder Jetting printing parameters for complex gear production. Therefore, the scientific design of the subsequent thermal post-treatment after the printing process is not part of this work. Debinding and sintering are conducted by an external supplier. The evaluation of the printing process is based on the crack-free production and reproducibility of the mechanical properties on the one hand, and on the resulting tooth bending strength on the other. The results can be classified by comparing the tooth bending strength with those of conventional reference gears of the same material and geometry. Moreover, the use of rotary bending specimens as material samples for initial estimation of the tooth bending strength of Binder Jetting gears resource efficiently is analyzed.

2 Stand der Technik

State of the Art

Additiv hergestellte Produkte tragen zu einer steigenden Individualisierung und Variantenvielfalt bei, da beispielsweise Hinterschnitte sowie funktionsausführende Elemente direkt in das Bauteil integrierbar sind. Diese können lediglich durch additive Fertigungsverfahren aufgrund der zusätzlichen Freiheitsgrade konstruktionsseitig integriert werden. Die erreichbare geometrische Komplexität im Design bietet neue Einsatz- und Optimierungsmöglichkeiten. Die konventionelle Fertigung von Bauteilen ist in der Komplexität und der Funktionsintegration stärker eingeschränkt. Obwohl erste Konzepte der additiven Fertigung bereits in den 1960er-Jahren publiziert wurden, erfolgte die Entwicklung kommerzieller Systeme auf Basis dieser Veröffentlichungen erst ab Mitte der 1980er-Jahre [KLAH21].

Bei der additiven Fertigung wird das Bauteil auf Basis eines CAD-Modells aus Pulver schichtweise generiert. Zwischenschritte, wie beispielsweise die Herstellung von Werkzeugen für die subtraktive Fertigung, sind obsolet, da durch additive Fertigung unter Berücksichtigung des Bauraums und der erzielbaren Maß- und Formgenauigkeit des jeweiligen Verfahrens beliebige Bauteilgeometrien realisierbar sind [GEBH13]. Additiv hergestellte Bauteile weisen aufgrund der endkonturnahen Fertigung ein hohes Potenzial zur Steigerung der Kosten- und Ressourceneffizienz auf [FREC15].

In den nachfolgenden Kapiteln wird die Funktionsweise der pulverbettbasierten Fertigungsverfahren Laser Powder Bed Fusion (LPBF) und Binder Jetting (BJT) erläutert. Anschließend wird das Verfahren des Binder Jettings fokussiert betrachtet. Die Charakteristika der einzelnen Prozessschritte in der gesamten Prozesskette werden detailliert beschrieben. Ferner wird eine Prozesskette für die Zahnradfertigung mittels Binder Jetting in Analogie zum pulvermetallurgischen Verfahren des uniaxialen Matrizenpressens dargelegt. Nach der Erläuterung der werkstoffabhängigen Belastungsarten von Binder Jetting Bauteilen und pulvermetallurgisch hergestellten Zahnrädern wird die Motivation dieser Arbeit aus dem Stand der Technik abgeleitet.

2.1 Pulverbettbasierte additive Fertigungsverfahren

Powder Bed based Additive Manufacturing Processes

Die additive Fertigung (eng. Additive Manufacturing, AM) mit metallischen Werkstoffen ist nach DIN 8580:2022-12 der Hauptgruppe 1 (Urformen) der Fertigungsverfahren zugeordnet [DIN20a]. Urformen durch additive Fertigung ist weiter nach DIN EN ISO/ASTM 52900:2022-03 definiert [DIN22a]. Die additive Fertigung ist ein Prozess, bei dem Bauteile durch Verbindung von Material Schicht für Schicht hergestellt werden [BREC11, DIN22a]. Das Bauteil wird nach den Vorgaben der 3D-Modelldaten erzeugt [DIN22a]. Im Gegensatz zu subtraktiven und umformenden Fertigungsverfahren erfolgt die Fertigung durch Zugabe von metallischem Pulverwerkstoff [DIN22a]. Die additive Fertigung ist in folgende sieben Prozesskategorien unterteilt: Freistrahl-Bindemittelauftrag (Binder Jetting), Pulverbettbasiertes Schmelzen (Powder Bed Fusion,

PBF), Materialauftrag mit gerichteter Energieeinbringung, Materialextrusion, Freistrahl-Materialauftrag, Schichtlaminierung und badbasierte Photopolymerisation [DIN22a]. Die pulverbettbasierten additiven Fertigungsverfahren für Metalle werden ferner in sinterbasierte und strahlbasierte, thermische Verfahren unterteilt. Im Folgenden werden das strahlbasierte Verfahren des selektiven Laserschmelzens (Laser Powder Bed Fusion, LPBF) sowie das sinterbasierte Binder Jetting (BJT) detailliert erläutert. Das selektive Elektronenstrahlschmelzen (Electron Beam Powder Bed Fusion, EPBF) im Vakuum wird nicht betrachtet.

Das additive Fertigungsverfahren LPBF ist der Untergruppe der Pulverbettschweißverfahren zuzuordnen und stellt einen einstufigen additiven Fertigungsprozess dar [DIN17a]. Sowohl die geometrische Grundgestalt als auch die Werkstoffeigenschaften des Endbauteils werden in einem einzigen Betriebsablauf ohne formgebende Werkzeuge hergestellt [MEIN99, DIN17a]. Die Generierung des Bauteils erfolgt schichtweise. Der Verfahrensablauf des LPBF-Prozesses ist in **Bild 2-1** schematisch dargestellt.

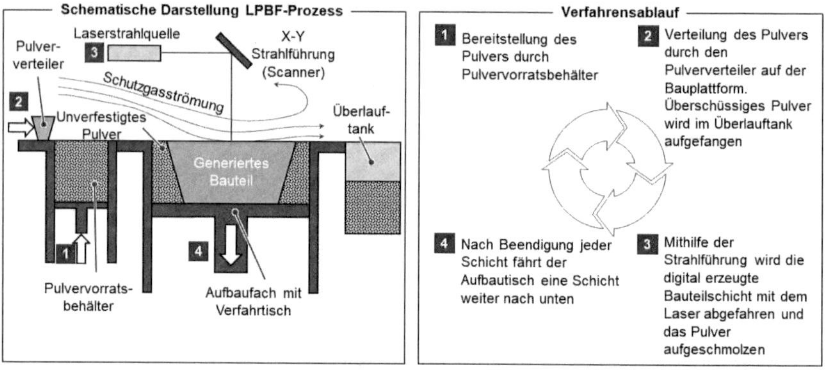

Bild 2-1: Schematische Darstellung des LPBF-Prozesses angelehnt an [GEBH16]
Schematic Representation of LPBF-Process based on [GEBH16]

Der Prozessraum der Maschine besteht aus dem Pulvervorratsbehälter des Werkstoffpulvers, dem inertisierten Bauraum mit absenkbarer Bauplattform und Schutzgasströmung sowie einer Beschichtereinheit. Sowohl die Vorratskammer als auch die Baukammer verfügen über einen beweglichen Boden. Oberhalb des Bauraumes ist ein Scanner angebracht, welcher den Laserstrahl entsprechend der vorgegebenen Bauteilgeometrie in X- und Y-Richtung mit definierter Geschwindigkeit auf dem Pulverbett führt. Die Wärmeeinbringung - das selektive Verschmelzen (Diffusion) der Pulverpartikel zu einem Kompaktbauteil - erfolgt mittels der Laserstrahlquelle unmittelbar nach dem schichtweisen Pulverauftrag im Bauraum. Die Erstarrung des Schmelzbades führt zur Erzeugung einer weiteren Schicht des Bauteils [GEBH13]. Stützstrukturen müssen im selben Prozessschritt aufgebaut werden, um zum einen das Bauteil im Bauraum zu fixieren und zum anderen die Temperaturspitzen aus dem Bauteil abzuführen [GEBH16]. Das Entfernen der Stützstrukturen ist nicht als separater Prozessschritt zu betrachten [DIN17a].

Nach dem Generieren einer Schicht des Bauteils wird die Bauplattform um eine Schichtdicke abgesenkt und der Vorratsbehälter angehoben [KLOC18]. Anschließend wird mittels eines Nivelliersystems (Rakel oder Walze) eine neue Pulverschicht (Schichtdicken typischerweise D_S = 30 - 50 µm) gleichmäßig in dem Bauraum aufgetragen und das Generieren der nächsten Schicht gemäß der bereitgestellten 3D-CAD-Daten erfolgt [BUCH13]. Die Wiederholung des Generierungskreislaufes erfolgt bis zur Fertigstellung des physischen metallischen Bauteils. Das für den Bauprozess ungenutzte lose Metallpulver wird nach dem Prozess abgelassen, zur Entfernung von Schweißspritzern gesiebt und kann für folgende Bauteilgenerierungen wiederverwendet werden [MEIN99].

Die hohen Prozesstemperaturen können die Bildung von Rissen und Bauteilverzügen sowie das ungewollte Einbringen von Spannungen in das Bauteil induzieren. Daher sollten beim Generieren jeder Schicht möglichst kleine Flächen hergestellt werden, um thermischen Spannungen und damit einhergehendem lokalem Verzug des Bauteils, dem Curl-Effekt, vorzubeugen [GEBH13]. Somit ist eine angepasste Prozessauslegung und -steuerung unabdingbar. Bei der Belichtung im Bauraum werden das Schärfen der Bauteilaußenkontur (Konturbelichtung) sowie der Aufbau des innenliegenden Volumenbereiches (Hatchbelichtung) unterschieden. Zur Vermeidung von Kantenüberhöhungen an den Bauteilaußenseiten, sollte zunächst die innenliegende Volumenfläche (Hatch) vor der äußeren Konturfahrt belichtet werden. Die entstehenden Kantenüberhöhungen können einen mechanischen Kontakt mit dem Beschichtungsmechanismus (Rakel) verursachen und somit einen ungleichmäßigen Pulverauftrag einer nachfolgenden Schicht auslösen [KRAU16]. Sowohl Flächen- als auch Konturbelichtung können jeweils mit separaten Parametern durchgeführt werden. Variable Belichtungsparameter sind die Scangeschwindigkeit v_S, die Laserleistung P_L sowie die Abstände der einzelnen Schweißspuren Δy_S (Hatchabstand) zueinander. LPBF erfolgt in einer von Schutzgas (Argon, Helium oder Stickstoff) durchströmten Prozesskammer, um Oxidationsvorgänge zu vermeiden und verdampftes Material aus der Prozesskammer zu entfernen [GEBH16]. Die Verhältnisse im Bauraum sind über den gesamten Fertigungsprozess hinweg konstant zu halten. Die metallische Materialvielfalt des LPBF-Prozesses ist hauptsächlich auf Stähle bzw. Eisenbasis-, Nickelbasis- und Titanlegierungen sowie Aluminium beschränkt [GEBH13, ZUMO20].

Liegt eine Kombination von zwei oder mehreren Prozessschritten zur Erzeugung eines Bauteils vor, wie beispielsweise die Trennung von Formgebung und Sinterung, so wird der Prozess als mehrstufig bezeichnet [DIN17a, DIN20a, DIN22a]. Binder Jetting (BJT) ist bei Anwendung metallischer Pulver ein mehrstufiger Prozess. Das Binder Jetting Verfahren ist ein klassisches 3D-Druck-Verfahren. Der 3D-Druck ist nach DIN EN ISO/ASTM 52900:2022-03 als Verfahren zur Fertigung von Bauteilen durch Auftrag eines Bindemittels mit einem Druckkopf, einer Düse oder einer anderen Drucktechnologie definiert [DIN22a]. Aufgrund der Entkopplung von Formgebung und Konsolidierung werden prozessbedingte thermische Eigenspannungen und stark anisotrope Gefügeeigenschaften vermieden [DO17, PARA19, TANC21]. Zudem sind, anders als beim LPBF-Prozess, keine wärmeableitenden Supportstrukturen und keine Schutzgasatmosphäre im Druckprozess notwendig [LI20, MOST21, TANC21]. Im Binder Jetting Prozess werden Bauteilgrünteile erzeugt, welche durch sekundäre Wärmebehandlungsprozesse gesintert werden. Beim Sinterprozess von Binder Jetting Bauteilen gehen die benachbarten Pulverpartikel eine Diffusionsbindung ein [BEIS12] und das Bauteilvolumen schrumpft aufgrund von auftretender Schwindung [KLOC18]. Die Prozesskette des Binder Jetting, welche sowohl den Druckprozess als auch die folgenden Schritte der thermischen Nachbehandlung umfasst, ist in **Bild 2-2** abgebildet.

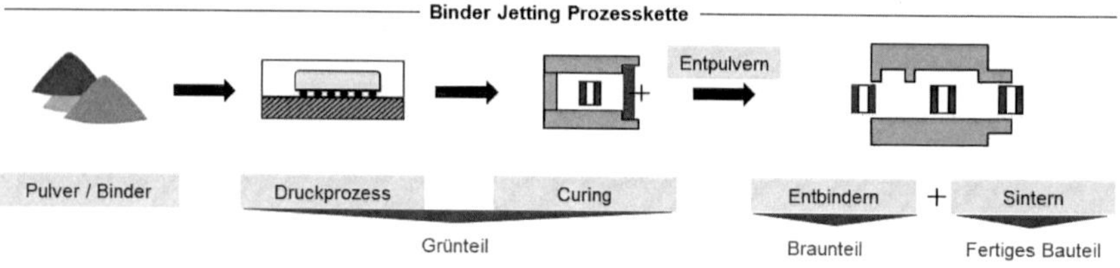

Bild 2-2: Schematische Darstellung der BJT Prozesskette angelehnt an [BERG20b]
Schematic Representation of BJT Process Chain based on [BERG20b]

Beim Binder Jetting werden vorab sowohl die Pulvermischung als auch der Binder gemäß definierter Rezeptur zusammengestellt. Anschließend erfolgt das „Drucken", die schichtweise Generierung des Bauteilgrünteils, indem das flüssige organische Bindemittel lokal auf das Pulverbett aufgebracht wird und sowohl die Pulverpartikel als auch die bestehenden Schichten auf diese Weise miteinander verbindet [DIN17a]. Da im Generierungsprozess keine zusätzliche Wärmeenergie entsteht, muss diese auch nicht über spezifische Konstruktionen abgeführt werden. Nach dem Druck erfolgt das Aushärten des Binders, das sogenannte Curing. Dazu wird die gesamte Buildbox nach dem Druck mitsamt den gedruckten Bauteilen und dem nicht verwendeten, recycelbaren Pulver im Curingofen über einen definierten Zeitraum von Raumtemperatur auf eine spezifische Curingtemperatur T_C erwärmt. Anschließend werden die Grünteile aus dem Pulverbett der Buildbox entnommen (Entpulvern). Danach wird dem erzeugten Grünteil durch eine thermische Behandlung der Binder entzogen. Der folgende Sinter- und Wärmebehandlungsprozess stellt, durch die Diffusionsbindung benachbarter Pulverpartikel, die Endfestigkeit her und verdichtet das Grünteil durch Schwindung zu einem Kompaktbauteil [BEIS12]. Nach den Schritten der Wärmebehandlung ist das Bauteil in den rein metallischen Zustand überführt [ANDE18]. Auf kommerziellen Anlagen werden bisher insbesondere nichtrostende Edelstähle sowie Titanlegierungen und Kupfer verarbeitet [ANDE18, DUTT19, BERG20b, HÖGA20].

2.2 Prozesskette Binder Jetting

Process Chain Binder Jetting

Im Folgenden werden die einzelnen Schritte innerhalb der Prozesskette des additiven Fertigungsverfahrens Binder Jetting erläutert. Die Charakteristika der Werkstoffauswahl, die Pulver- und Bindereigenschaften, die Generierung des Grünteils sowie die thermische Nachbehandlung werden detailliert beschrieben. Die Ausprägung sämtlicher im Folgenden beschriebenen Charakteristika ist herstellerabhängig und variiert möglicherweise von Maschine zu Maschine.

2.2.1 Werkstoffauswahl

Materials

Die untersuchten Stähle, die in der Binder Jetting Prozesskette eine relative Sinterdichte von ρ_{rel} > 97 % erreichen, sind die nichtrostenden Edelstähle 304, 316L, 420 und 17-4PH [LI20]. Der Werkstoff Kupfer, sowie Titan- und Nickellegierungen erreichen nach dem Sintern diese relative Sinterdichte nicht [LI20]. Auf kommerziellen Anlagen werden die Werkstoffe 316L, 420er Stahl und 17-4PH am häufigsten verarbeitet [ANDE18, MOST21]. Die Verarbeitung sowie die daraus resultierenden mechanischen Eigenschaften der Edelstähle 316L und 420 sind vielfach untersucht [LI20]. Der Werkstoff 17-4PH ist weniger ausführlich betrachtet worden [LI20].

Die Normzusammensetzungen der Werkstoffe 316L (X2CrNiMo17-12-2; Werkstoffnummer: 1.4404, austenitische Stahllegierung mit geringem Kohlenstoffgehalt), 420 (X20Cr13; Werkstoffnummer: 1.4021) und 17-4PH (X5CrN-CuNb16-4; Werkstoffnummer: 1.4542, martensitisch rostfreier ausscheidungshärtbarer Stahl) nach DIN EN 10088-1:2024-04 sind in **Bild 2-3** ersichtlich [DIN24].

Chemische Zusammensetzungen												
Bez.	Fe	Cr	Ni	Cu	Mn	Nb	Si	Mo	C	P	S	N
316L	Basis	16,5 – 18,5	10,0 – 13,0	-	2,0 max.	-	1,0 max.	2,0 – 3,0 max.	0,03 max.	0,045 max.	0,015 max.	0,1 max.
420	Basis	12,0 – 14,0	-	-	1,5 max.	-	1,0 max.	-	0,16 – 0,25	0,04 max.	0,015 max.	-
17-4PH	Basis	15,0 – 17,0	3,0 – 5,0	3,0 – 5,0	1,5 max.	0,15 – 0,45	0,7 max.	0,6 max.	0,07 max.	0,04 max.	0,015 max.	-

Alle Angaben in m%
Zusammensetzungen nach DIN EN 10088-1:2024-04

Mechanische Kennwerte Binder Jetting				
Bez.	Zugfestigkeit R_m	Streckgrenze $R_{p0,2}$	Bruchdehnung A	Quelle
316L	520 MPa	180 MPa	50 %	HÖGA20
420	586 MPa	276 MPa	25 %	AKST07
17-4PH	950 MPa	730 MPa	4 %	DIGI22

Bild 2-3: Chemische Zusammensetzung und mechanische Kennwerte beim Binder Jetting verwendeter Edelstahlwerkstoffe [AKST07, HÖGA20, DIGI22, DIN24]

Chemical Composition and Mechanical Properties of Stainless Steels used in Binder Jetting [AKST07, HÖGA20, DIGI22, DIN24]

Zudem sind die mechanischen Eigenschaften Zugfestigkeit R_m, Streckgrenze $R_{p0,2}$ und Bruchdehnung A nach der Sinterung aufgeführt. Der Werkstoff 316L weist gute duktile Eigenschaften auf und ist somit problemlos kaltumformbar [SAND18]. Die Verformung induziert eine Steigerung der Festigkeit [SAND18]. Der 420er Stahl ist im geglühten Zustand mäßig kaltumformbar [AKST07]. 17-4PH verfügt über eine begrenzte Kaltumformbarkeit und ist lediglich im vollständig geglühten Zustand kaltumformbar [SAND18]. Dies ist in der hohen Kaltverfestigung bei der Umformung begründet [KLEI17]. Im Vergleich der drei Werkstoffe besitzt 17-4PH die höchste Festigkeit. Die Zugfestigkeit R_m des Werkstoffes 17-4PH liegt etwa 70 % oberhalb der von 316L, die Streckgrenze $R_{p0,2}$ übersteigt die von 316L um das Vierfache [HÖGA20]. Normative mechanische Kennwerte von Binder Jetting Bauteilen existieren bis dato nicht. Klassische Einsatzstähle bzw. Werkstoffe mit den Charakteristika von Einsatzstählen wie beispielsweise 16MnCr5 sind bis dato für den Binder Jetting Prozess nicht entwickelt.

2.2.2 Pulver- und Bindereigenschaften

Powder and Binder Properties

Grundsätzlich ist die Verwendung aller sinterfähigen metallischen Pulver, die wasser- oder gasverdüst wurden, für das Binder Jetting möglich [ANDE18]. Die untersuchte Werkstoffpalette ist bislang stark limitiert. Die Auswahl der Zusammensetzung des Werkstoffpulvers wird zunächst durch die Herstellungs- und Anwendungsanforderungen bestimmt [KLOC18]. In **Bild 2-4** ist die Pulverform und -morphologie von Gasverdüsungs-, Wasserverdüsungs- und Schwammeisenpulver abgebildet.

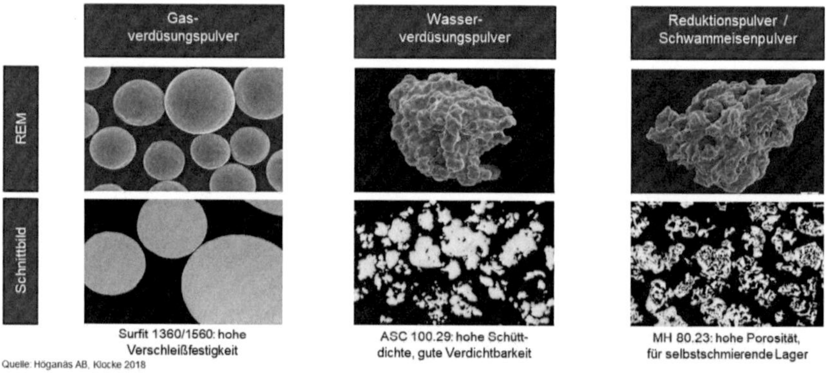

Bild 2-4: Pulverform und -morphologie unterschiedlicher Verdüsungstypen [KLOC18]
Powder Form and Morphology of different Atomization Types [KLOC18]

Das am häufigsten angewendete Herstellungsverfahren für metallische Pulver ist die Verdüsung von Metallschmelze mit Gas (häufig Argon) oder Wasser [BEIS12, GABR20]. Durch die Direktreduktion von Eisenerzen sowie die folgende Zerkleinerung des porösen Eisenschwamms entstehen spratzig geformte Pulverpartikel [KLOC18]. Bei der Wasserverdüsung metallischer Schmelze entstehen Pulverpartikel von ebenfalls unregelmäßiger, spratziger Gestalt [KLOC18]. Aufgrund der schnellen Erstarrung der Schmelze verbleibt den entstehenden Pulverpartikeln keine Zeit, sich unter dem Einfluss der Oberflächenspannung zusammenzuziehen [BEIS12]. Wasserverdüste

Pulver weisen verglichen mit Schwammeisenpulvern eine höhere Pressbarkeit bei geringerer Grünteilfestigkeit auf [BEIS12]. Die wasserverdüsten Pulver sind im Vergleich zu gasverdüsten Pulvern kostengünstiger, dafür mit mehr Oxid bzw. Sauerstoff beladen. Gasverdüste Reineisenpulver sind im Falle von Stickstoffverdüsung aufgrund der Nitridausscheidungen spröder [BEIS12].

Bei der Gasverdüsung erfolgt aufgrund der geringeren Wärmekapazität von Gas die Abkühlung der Pulverpartikel langsamer als bei der Wasserverdüsung [KLOC18]. Somit kann sich durch die Oberflächenspannung der Metallschmelze jedes Pulverkorn zur Kugel, auch sphärische Form genannt, einformen [BEIS12]. Daher verfügen gasverdüste Metallpulver über eine gute Fließfähigkeit und stellen eine hohe Raumausfüllung her [KLOC18]. Die guten Fließeigenschaften, die sphärische Pulverform sowie eine mögliche dichte Packung (Fülldichte) sind für den einheitlichen schichtweisen und auch gezielten Pulverauftrag beim Binder Jetting unabdingbar [VAEZ11, BEIS12, GABR20]. Nachteilig hingegen sind die hohen Kosten des gasverdüsten Pulvers, welche durch die geringe Materialdurchsatzrate in der Produktion und die hohen Kosten für das verwendete Gas bedingt sind [GABR20]. GABRIEL zeigte, dass beim Druck mit dem Edelstahl 316L die höchste Grünteildichte bei der Nutzung sowohl von 100 % gasverdüstem Pulver als auch bei der einer Mischung von 75 % gas- und 25 % wasserverdüstem Pulver auftritt [GABR20]. Bei weiterer Steigerung des Anteils an wasserverdüstem Pulver sinkt die Grünteildichte [VERL12, GABR20]. Eine höhere Grünteildichte impliziert eine geringere Schwindung beim Sintern. Daraus resultiert eine Reduzierung der induzierten Spannungen durch Reibung mit der Sinterauflage und eine Abnahme des Risikos der Rissbildung [DO17].

Neben der Morphologie wird der Druckprozess zusätzlich durch die Korngröße d_K des Pulvers beeinflusst. Zur Generierung von metallischen Bauteilen, welche nach dem Sinterprozess eine möglichst hohe Dichte erreichen sollen, muss feines Pulver mit einer Korngröße von $d_K < 30$ µm eingesetzt werden [ANDE18]. Feinkörniges Pulver weist eine deutlich höhere Sinteraktivität verglichen mit grobkörnigem Pulver auf [VAEZ11, BEIS12, ANDE18]. Feinkörnige Pulverpartikel besitzen im Verhältnis zu ihrem Volumen eine größere Oberfläche. Dadurch stehen mehr Atome für Diffusionsprozesse zur Verfügung und die Sintergeschwindigkeit wird erhöht. Da feinkörniges Pulver eine geringfügig schlechtere Fließfähigkeit verglichen mit grobkörnigerem Pulver aufweist, ist eine homogene Korngrößenverteilung in einem Pulverbatch sicherzustellen [VAEZ11]. Die Korngrößenverteilung einer Pulvermischung ist mittels dynamischer Bildanalysemethoden messbar. Zudem ist die relative Dichte ρ_{rel} des Bauteilgrünlings nach dem Druck von der Pulverkorngröße abhängig [DOUR07, BART19]. DOURANDISH untersuchte die relative Grünteildichte nach dem Druck mit den Werkstoffen 316L und Co-28Cr-6Mo sowohl bei verwendeter Korngröße von $d_K = 20$ µm als auch $d_K = 75$ µm. Die Grünteildichte bei der Verwendung des feinkörnigeren Pulvers lag beim Werkstoff 316L ein Prozent und bei Co-28Cr-6Mo etwa vier Prozent unterhalb der Dichte als nach dem Druck mit dem grobkörnigerem Pulver [DOUR07]. Ähnliche Ergebnisse liefern Untersuchungen bei Verwendung des 420er Stahls. Die Grünteildichte nach dem Druck mit dem feinkörnigeren Pulver bei Durchmesser $d_K = 6$ µm lag fünf Prozent unterhalb der des Druckes mit dem grobkörnigen Pulver mit dem Durchmesser d_k = 30 µm [DO17]. Das Maximum der Grünteildichte wurde bei einem Mischungsverhältnis von 60 % grobkörnigem Pulver und 40 % feinkörnigem Pulver erreicht - die Grünteildichte war 17 % höher als bei der Anwendung von 100 % grobkörnigem Pulver [DO17]. Das feinkörnige Pulver füllt die Zwischenräume zwischen dem grobkörnigen Pulver und erhöht somit die Packungsdichte im Pulverbett. Die resultierende Oberflächenqualität des Bauteils steigt. Alles in allem ist bei Anwendung unterschiedlicher Pulvermischungen in Bezug auf die Korngröße und die Morphologie eine Anpassung der Druckparameter unabdingbar [GABR20].

Das Verbinden der Pulverpartikel zu einem festen Körper erfolgt mit einem Binder. Der Binder füllt entsprechend der vorgegebenen Bauteilkontur beim Druck die Hohlräume zwischen den Pulverpartikeln [MOST21]. Der Binder, welcher zumeist von den Anlagenherstellern bereitgestellt wird, liegt häufig in Form monomerer oder oligomerer Bestandteile oder als ein in einem wässrigen oder organischen Medium gelöstes organisches Material vor. Bei gröberen Pulvern sinkt die Kantenschärfe und bei feinkörnigen Pulverpartikeln wirken beim Auftrag des Binders vermehrt Kapillarkräfte, welche ein diffuseres Druckbild induzieren [ANDE18].

2.2.3 Generierung des Grünteils

Construction of the Green Compact

Die Generierung des Werkstückgrünteils erfolgt schichtweise. Die schematische Darstellung des Druckprozesses bzw. des Bindemittelauftrages angelehnt an die DIN EN ISO 17296-2:2016-12 im Binder Jetting Prozess ist in **Bild 2-5** dargestellt [DIN16]. Dieses Schema bildet die Funktionsweise einiger (z.B. DM P2500 der Firma DIGITAL METAL AB) auf dem Markt erhältlicher Binder Jetting Maschinen ab - herstellerabhängig treten in der Umsetzung Variationen auf.

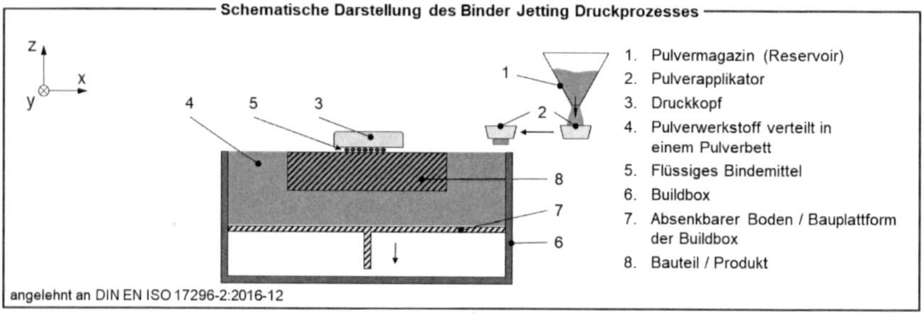

Bild 2-5: Bindemittelauftrag angelehnt an DIN EN ISO 17296-2:2016-12 [DIN16]
Binder Application according to DIN EN ISO 17296-2:2016-12 [DIN16]

Der Prozessraum der Maschine besteht aus dem Vorratsbehälter des Werkstoffpulvers (Pulvermagazin, 1), dem Pulverapplikator (2), der Druckeinheit (3) sowie der Buildbox (6). Der Boden (7) der Buildbox (6) ist beweglich und wird entsprechend nach dem Generieren einer Schicht um die Schichtdicke D_S abgesenkt. Das Pulver wird aus dem Pulvermagazin (1) in den Pulverapplikator (2) gefüllt. Sowohl das Pulvermagazin (1) als auch der Pulverapplikator (2) sind als Trichter ausgeführt und werden auf T_P = 70 °C vorgeheizt. Das Vorheizen des Pulvers verringert die möglicherweise im Pulver enthaltene Restfeuchtigkeit und verbessert die Fließfähigkeit [ANDE18]. Der befüllte Pulverapplikator (2) verfährt anschließend linear über das Pulverbett (4) bzw. die Buildbox (6) und appliziert eine Pulverschicht. Oberhalb der Buildbox (6) ist die Druckeinheit (3) angebracht. Der mehrdüsige Druckkopf (3) verfährt über die Pulverschicht (4) und bringt entsprechend der vorgegebenen Bauteilkontur (8) der zu erzeugenden Schicht lokal den Binder in der definierten Menge in das Pulver ein [GEBH16]. Anschließend verfestigt der Binder durch Trocknung - herstellerabhängig treten in der Umsetzung Variationen auf. Auf diese Weise wird der Zusammenhalt der Pulverpartikel einer Schicht sowie an die im Schritt zuvor generierte Schicht bewirkt. Nach dem Generieren einer Schicht des Bauteils wird die Bauplattform der Buildbox (7) um eine Schichtdicke abgesenkt [KLOC18]. Anschließend wird eine neue Pulverschicht gleichmäßig in dem Bauraum aufgetragen und das Generieren der nächsten Schicht gemäß der bereitgestellten 3D-CAD-Daten erfolgt. Der Generierungskreislauf wird so oft wiederholt, bis das gestaltfeste Grünteil fertig gestellt ist. Die Endfestigkeit des Bauteils wird, entsprechend der in Bild 2-2 dargestellten BJT Prozesskette, erst nach dem Entbinder- und Sinterprozess sowie einer möglicherweise folgenden Wärmebehandlung erreicht [SCHN18]. Während des Bauprozesses wird das entstehende Bauteil durch das umgebende lose Pulver gestützt und stabilisiert. Somit werden keine Stützstrukturen beim Binder Jetting benötigt. Das hergestellte Grünteil verbleibt im Pulverbett, bis der Generierungsprozess abgeschlossen ist. Nach dem Druck erfolgt das Aushärten des Binders, das sogenannte Curing. Anschließend werden die Bauteile aus dem Pulverbett entnommen. Aufgrund der schichtweisen Bauteilgenerierung besteht die Gefahr anisotroper Eigenschaften im Bauteil [GEBH16]. Der Grad der Anisotropie ist vom Generierungsprozess sowie der Orientierung des Bauteils im Bauraum abhängig [GEBH16]. Das für den Bauprozess ungenutzte Pulver wird nach dem Prozess gesiebt, gereinigt und kann für die folgende Bauteilgenerierung wiederverwendet werden [GABR20]. Neben den Eigenschaften des verwendeten Werkstoffpulvers bestimmt die Richtungsabhängigkeit des Druckprozesses die zu erreichende Genauigkeit des Grünteils. Die in der Fertigung mittels Binder Jetting erreichbaren Genauigkeiten sind maschinen- und richtungsabhängig. In X- und Y-Richtung ist die erzielbare Genauigkeit von der Auflösung des Druckkopfes sowie in Z-Richtung von der einstellbaren Schichtdicke D_S abhängig [ANDE18].

2.2.4 Variationsgrößen beim Pulverauftrag

Control Variables for Powder Application

Im Druckprozess des Bauteilgrünteils ist der Pulverauftrag fertigungsseitig einer der Haupteinflussfaktoren hinsichtlich des finalen Druckergebnisses. Da die zahlreichen Einstellmöglichkeiten sowohl das Druckergebnis direkt beeinflussen, als auch eine Anpassung der folgenden Prozessschritte induzieren, ist die Kenntnis der jeweiligen Einflüsse bei der Prozessauslegung unabdingbar. Die Variation der Vielzahl an unterschiedlichen Prozessparametern beim Binder Jetting resultiert in einer Modifikation der Bauteilqualität. Qualitätsmerkmale sind die geometrische Genauigkeit und die mechanischen Eigenschaften. Die relevantesten Stellgrößen für den Pulverauftrag sind der Werkstoff, die Schichtdicke D_S, die Temperatur T_P des Pulvers beim Druck, sowie die Auftragsrichtung und -geschwindigkeit v_p [VAEZ11, DOYL15, MOST21]. Im Folgenden wird der Einfluss der jeweiligen Prozessparameter auf die Bauteileigenschaften und das Prozessverhalten beschrieben. Der Einfluss der Druck- bzw. Binderauftragsgeschwindigkeit v_d auf das Pulverbett wird im folgenden Kapitel 2.2.5 näher erläutert, da dieser direkt mit dem Binderverhalten korreliert.

Schichtdicke D_s

Bei sämtlichen additiven pulverbettbasierten Fertigungsverfahren ist die Schichtdicke D_s ein variabler Prozessparameter [CHEN16, MIRZ19]. Die Schichtdicke D_s beschreibt die Auftragshöhe des Pulvers beim Eintrag in den Druckbereich. Nachdem der Binder definiert in die aufgetragene Schicht eingebracht wurde, wird das Pulverbett um den definierten Betrag der Schichtdicke D_s abgesenkt. Die Schichtdicke D_s ist entscheidend für die Auflösung und Realisierbarkeit von spezifischen Bauteilfeatures [CHEN16]. Sie ist zudem abhängig vom verwendeten Drucksystem, von der eingebrachten Bindermenge sowie der finalen Anwendung des zu generierenden Bauteils einzustellen. Die Schichtdicke D_s beim Binder Jetting variiert typischerweise zwischen D_s = 15 µm und D_s = 300 µm [MOST21]. Sie muss in jedem Falle größer als der Korndurchmesser d_k des genutzten Pulvers sein. Bei einer zu groß gewählten Schichtdicke D_s werden die einzelnen Schichten nicht vollständig durch den eingebrachten Binder gebunden [DOUR07]. Wird die Schichtdicke D_s in der Prozessplanung zu klein ausgelegt, so wird die vorherige Druckschicht im Pulverbett beim Auftrag einer neuen Schicht abgedrängt [DOUR07].

Der Einfluss der Schichtdicke D_s auf die mechanischen Eigenschaften der Bauteile wurden von Doyle und Mariani näher untersucht [DOYL15, MARI20]. Nach Doyle ist der Einfluss der Schichtdicke D_s auf die mechanischen Eigenschaften signifikant [DOYL15]. Untersucht wurde ein mit Bronze infiltrierter Edelstahl 420 für die Schichtdicken D_s = 50 µm und D_s = 200 µm [DOYL15]. Mariani detektierte den Einfluss der Schichtdicke auf die Grünteilfestigkeit bei Anwendung des Edelstahls 316L für die Schichtdicken D_s = 50 µm und D_s = 100 µm [MARI20]. Die Grünteilfestigkeit sinkt abhängig von der Bindersättigung bei zunehmender Schichtdicke um 37 % bis 53 % [MARI20]. Ursächlich für die Abnahme der Grünteilfestigkeit ist möglicherweise ungebundenes Pulver im Grünteil, da mit zunehmender Schichtdicke die Pulverschicht nicht vollständig vom Binder benetzt und durchdrungen werden kann [MARI20]. Somit beeinflusst eine Änderung der Schichtdicke D_s ebenfalls die relative Grünteildichte. Die relative Dichte ist bei steigender Schichtdicke von 56 % auf 50 % gesunken [MARI20]. Des Weiteren steigt mit höheren Schichtdicken D_s das Risiko von Lufteinschlüssen im Pulverbett. Systemabhängig können die einzelnen Pulverschichten durch Vibrationsmechanismen weiter verdichtet werden [CAO15, GREG96].

CHEN erforschte zudem den Einfluss sowohl zu großer als auch zu kleiner Schichtdicken D_s auf die resultierende Oberflächenrauheit [CHEN16]. Zum einen führen große Schichtdicken D_s zu einer höheren Rauheit bei nicht in der horizontalen Ebene liegenden Oberflächen des Bauteils, sodass sich ein Treppenstufeneffekt verstärkt ausbildet [CHEN16]. Die Stufenhöhe entspricht genau der Schichtdicke D_s. Zum anderen induzieren kleinere Schichtdicken D_s in Aufbaurichtung ebenfalls höhere Oberflächenrauheit, da bedingt durch die höhere Schichtanzahl bei der Generierung eines Bauteils eine unregelmäßige Oberflächenstruktur begünstigt wird [CHEN16]. Zudem impliziert eine kleinere Schichtdicke auch die Verlängerung der Druckzeit und somit die Reduzierung der Produktivität des Prozesses. Folglich erhöhen größere Schichtdicken die Produktivität, da der Druckkopf bei gleicher Bauteilgröße seltener über das Pulverbett verfährt.

Pulvertemperatur T_P beim Druck

Eine höhere Pulvertemperatur T_P beim Druck, also die Temperatur mit welcher das Pulver der Bauplattform über den Applikator zugeführt wird, führt zu einer verbesserten Fließfähigkeit und somit einer Steigerung der Grünteildichte [ANDE18]. GABRIEL stellte fest, dass beim Auftrag von gasverdüstem Pulver aus 316L bei einer Temperatur von T_P = 40°C eine bis zu 11 % höhere Grünteildichte verglichen mit dem Druck bei Raumtemperatur [GABR20]. Zudem wurde bei einer Pulvertemperatur von T_P = 70°C eine um den Faktor 2 höhere geometrische Genauigkeit der Bauteile detektiert [GABR20]. Zudem verändert eine höhere Pulvertemperatur T_P das Verhalten des jeweiligen verwendeten Binders. Das Binderverhalten, somit auch die resultierende Festigkeit des Grünteils nach dem Druck, wird durch die temperaturabhängige Binderviskosität und die Menge an verdunstetem wässrigem Binderanteil beeinflusst [GABR20].

Pulverauftragsrichtung und -geschwindigkeit v_p

Durch die Einstellung der Pulverauftragsrichtung sowie der -geschwindigkeit wird die Grünteildichte maßgeblich beeinflusst. Dies ist druckerabhängig über verschiedene Auftragsstrategien realisierbar. Bei der Art des Pulverauftrages werden jedoch häufig zwei Strategien unterschieden - der Auftrag in lediglich einer Verfahrrichtung sowie der Auftrag in zwei Verfahrrichtungen (Hin- und Rückweg über der Buildbox). Beim Auftrag in zwei Verfahrrichtungen wird bei gleichbleibender Schichtdicke D_s eine größere Menge Pulver ins Pulverbett eingebracht und die Grünteildichte steigt. Wird zusätzlich noch die Verfahrgeschwindigkeit v_p beim Pulverauftrag reduziert, so steigt die Grünteildichte weiter bei jedoch abnehmender Produktivität. GABRIEL untersuchte den Einfluss der Pulverauftragsgeschwindigkeit auf die Grünteildichte sowie die geometrische Bauteilgenauigkeit [GABR20]. Die unterschiedlichen Pulverauftragsgeschwindigkeiten von v_p = 76,2 mm/s und v_p = 254 mm/s resultierten lediglich in einer um 1 % verschiedenen Grünteildichte $\Delta\rho$ = 0,05 g/cm^3 [GABR20]. LORES zeigte jedoch, dass eine größere Menge an eingebrachtem Pulver pro Schicht zu einer höheren Grünteildichte führt [LORE20].

2.2.5 Charakteristika beim Binderauftrag

Characteristics of Binder Application

Neben dem Pulverauftrag ist fertigungsseitig der Binderauftrag einer der Haupteinflussfaktoren auf das finale Druckergebnis. Durch den gezielten Binderauftrag wird die gewünschte Bauteilgeometrie des Grünteils erzeugt [GIBS15, MOST21]. Die Binderauftragsstrategie ist anlagenspezifisch individuell umgesetzt und kann nicht pauschalisiert betrachtet werden. Im Folgenden werden die Charakteristika eines Bindertropfens im freien Fall unter Einfluss der Binderauftragsgeschwindigkeit v_d und beim Aufprall auf dem Pulverbett beschrieben. Zudem werden die physikalischen Zusammenhänge bei der Pulverbenetzung erläutert.

Tropfenform des Binders im freien Fall

Die Form des Bindertropfens nach Verlassen des Druckkopfes ist nicht ideal sphärisch. Der kugelförmige Tropfenkopf wird gefolgt von einem längeren dünnen Schweif, an dessen Ende mehrere kleinere Tropfen, sogenannte Satelliten, vom Haupttropfen gelöst sind [PARA19]. Satelliten sind kleinere dem Schweif in Bewegungsrichtung des Druckkopfes nachfolgende Tropfen, die durch den Schweifbruch bedingt sind. Die Aufnahme der realen Tropfengeometrie ist in zeitlicher Abfolge in **Bild 2-6** links dargestellt. PARAB zeichnete die reale Tropfenform mittels einer Hochgeschwindigkeitskamera im freien Fall zwischen Druckkopf und Pulverbett auf [PARA19]. Bei steigender Binderauftragsgeschwindigkeit v_d nimmt die Konturgenauigkeit des Bauteilgrünteils ab. Dies resultiert aus dem sich verändernden Bildungsverhalten der Bindertropfen beim Düsenaustritt und dem Auftreffen der Tropfen auf dem Pulverbett [PARA19]. Aufgrund des horizontalen Geschwindigkeitsanteils des Tropfens $v_{tr,h}$, welcher der Binderauftragsgeschwindigkeit v_d entspricht, weicht der Bindertropfen mit zunehmender Binderauftragsgeschwindigkeit v_d von seiner eigentlichen Kontur ab. Durch die horizontale Bewegung erfährt der längliche Tropfen einen sogenannten Drift zwischen dem sphärischen Kopf und den Satelliten in Verfahrrichtung des Druckkopfes und trifft nicht in einem definierten Punkt, sondern in einem Bereich auf dem Pulverbett auf. Bei einer untersuchten Binderauftragsgeschwindigkeit von v_d = 0,12 m/s wurden Abweichungen von Δ = 12 µm bis 18 µm gemessen [PARA19].

Phänomene beim Auftreffen von Bindertropfen auf dem Pulverbett

Mit steigender Binderauftragsgeschwindigkeit v_d erhöht sich der Impuls des Bindertropfens beim Auftreffen auf dem Pulverbett. Die Erhöhung des Impulses begünstigt Agglomeratbildung von Pulverkörnern mit dem Bindertropfen, die Bildung eines Kraters beim Auftreffen, und zusätzlichen Pulverausstoß [FAN95, PARA19], vergleiche Bild 2-6 rechts. Diese Phänomene wirken sich negativ auf die resultierende Bauteilqualität aus. Agglomerate bzw. Partikelverbünde können sich bei der Verwendung von extrem feinkörnigem Pulver im Durchmesserbereich d_k < 10 µm bilden, da der Bindertropfen länger an der Oberfläche verbleibt, während er bei grobkörnigerem Pulver schneller ins Pulverbett eindringt [PARA19]. Agglomeratbildung ist durch die Verschmelzung von drei aufeinander folgenden Bindertropfen charakterisiert [PARA19].

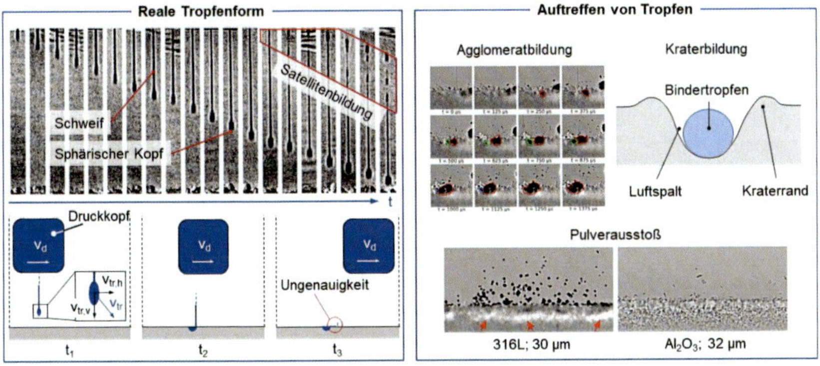

Bild 2-6: Tropfenverhalten beim Binderauftrag [PARA19]
Droplet Behavior during Binder Application [PARA19]

Bei Untersuchungen mit dem Werkstoffpulver 316L und einer Pulverkorngröße von d_K = 9 µm detektierte PARAB Agglomerate mit einem Durchmesser d_{agglo} = 95,6 ± 10,9 µm [PARA19]. Beim Auftreffen des ersten Tropfens wird ein sogenanntes Primitiv gebildet, welches mit den Primitiven der beiden nachfolgenden Tropfen zu einem großen Pulver-Binder-Tropfen verschmilzt, dem Agglomerat [FAN95, PARA19]. Resultierend aus der Agglomeratbildung können nach dem Entbindern Defekte wie beispielsweise Poren im Bauteil entstehen, da sich das Pulver im Bindertropfen (Agglomerat) zur Oberfläche hin entmischt [FAN95, LANZ01, PARA19]. Diese Poren können beim Sintern kollabieren, geometrische Ungenauigkeiten verursachen und somit die mechanischen Eigenschaften des Bauteils verändern [BEIS12].

Neben der Agglomeratbildung kann das Pulverbett beim Auftreffen von Bindertropfen in Form von Kratern verformt werden [FAN95, LONG14]. Im Pulverbett liegt am Auftreffbereich eines Bindertropfens eine kleine Einsenkung vor. An den Rändern der Einsenkungen wird das Pulver unregelmäßig aufgeworfen, sodass das Pulver leicht über das Pulverbett hinausragt, vergleiche Bild 2-6 rechts. Die Kraterbildung beeinflusst die Pulver-Binder-Interaktion des nächsten an den Kraterrändern aufgetragenen Tropfens. Zudem befindet sich zwischen dem Kraterrand und dem Tropfen ein Luftspalt, wodurch eine Barriere für seitliches Fließen des Binders in das Pulverbett besteht [FAN95]. Beide Effekte führen zu einem unregelmäßig benetzten Pulverbett. Die Kraterbildung tritt stets zeitlich gekoppelt mit der Agglomeratbildung auf [FAN95].

Zusätzlich kann bei der Pulver-Binder-Interaktion Pulver aus dem Pulverbett ausgeworfen werden - dies wird als Pulverausstoß bezeichnet [PARA19]. LONG detektierte, dass etwa 2 % des Impulses des auf dem Pulverbett auftreffenden Tropfens in den Pulverausstoß umgesetzt werden [LONG14]. Mit zunehmender Tropfengeschwindigkeit nimmt ebenso die deformierende Trägheitskraft des Tropfens zu [MIYA18]. Die Menge an ausgestoßenem Pulver ist von der Pulverkorngröße und -morphologie abhängig. Beim Vergleich von grobkörnigem und feinkörnigem Pulver wird eine ähnliche Anzahl an Pulverkörnern ausgestoßen, wodurch das ausgestoßene Pulvervolumen bei grobkörnigem Pulver, aufgrund des höheren Volumens eines einzelnen Pulverkorns, größer ist [PARA19]. Sphärisch geformte Pulver neigen eher zum Pulverausstoß als spratzig geformte, da letztere bessere mechanische Verklammerungseigenschaften aufweisen [PARA19].

Pulverbenetzung

Durch die wechselseitige Beeinflussung vom Pulverbett und des Binders (u.a. Zusammensetzung, Viskosität η) wird die Benetzung eingestellt. Sobald der Binder die Pulveroberfläche berührt und die Pulver-Binder-Interaktion beginnt, wird ein Kontaktwinkel am Tropfen ausgebildet [BAI19]. Da die Poren im Pulverbett eine Wirkung ähnlich der von Kapillarröhrchen entwickeln, entsteht eine Kapillarkraft, durch welche der Binder im Pulverbett absorbiert wird [VERL12, BAI19, LI20]. Effekte der Gewichtskraft können bei (Binder-) Volumina im Picoliter-Bereich vernachlässigt werden [MIYA18]. Bei der Absorption wird der Kontaktwinkel verringert [BAI19]. Der Kontaktwinkel entspricht dem Benetzungswinkel und beschreibt das Benetzungsvermögen einer festen Oberfläche durch eine Flüssigkeit [BAI19]. Unterschieden wird zwischen dem intrinsischen Benetzungswinkel θ, dem wahren Benetzungswinkel θ_a und dem dynamischen Benetzungswinkel θ_d, vergleiche **Bild 2-7**.

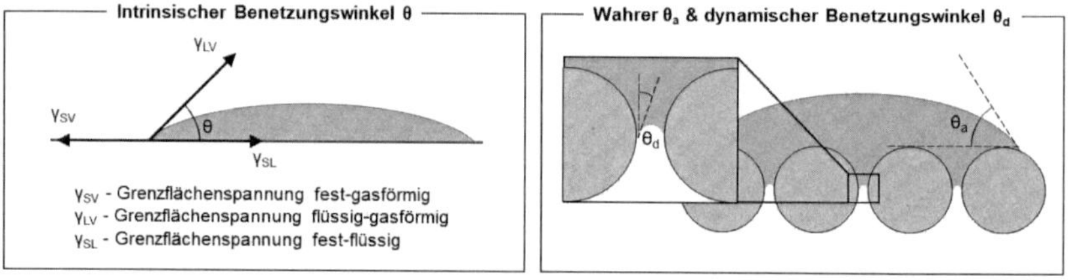

Bild 2-7: Benetzungswinkel während der Pulver-Binder-Interaktion [BAI19]
Contact Angle during Powder Binder Interaction [BAI19]

Der intrinsische Benetzungswinkel θ beschreibt den ausgebildeten Winkel am Dreiphasenpunkt zwischen Tropfen (flüssig), der glatten, nicht porösen Oberfläche (fest) und der Umgebungsluft (gasförmig), sobald ein Gleichgewichtszustand erreicht wurde [YOUN05, WOLA98, BAI19]. Zudem ist die Benetzung eines Partikels sowohl von der Oberflächenspannung des Partikels γ_{SV}, der Oberflächenspannung des Binders γ_{LV} als auch der Grenzflächenspannung zwischen Partikel und Binder γ_{SL} abhängig. Diese Größen sind in der YOUNG'schen Gleichung mit dem Benetzungswinkel θ verbunden [YOUN05, WOLA98, BAI19] und werden anhand zertifizierter Testflüssigkeiten auf ebenen Referenzoberflächen ermittelt. Das Pulverbett ist nicht als ebene, unporöse Oberfläche definierbar. Der sich für diesen Anwendungsfall tatsächlich ergebende Benetzungswinkel weicht vom intrinsischen Benetzungswinkel θ ab und wird als wahrer Benetzungswinkel θ_a bezeichnet [WOLA98]. Der wahre Benetzungswinkel beschreibt den Kontaktwinkel zwischen einem Tropfen und der Pulveroberfläche [BAI19]. Der dynamische Benetzungswinkel θ_d beschreibt den Kontaktwinkel zwischen dem Binder in den Poren und den Pulverkörnern [RILL80]. Eine gute Benetzbarkeit liegt bei kleinen dynamischen Benetzungswinkeln θ_d und hohen Kapillarzahlen Ca vor [BAI19]. Es existieren einige Ansätze zur Berechnung der Benetzung eines Pulverbettes unter Berücksichtigung der Kontaktwinkel und Kapillarkräfte [WASH21, RILL80, WOLA98, BAI19, BARU19, TANG20].

Sättigung und Primitivbildung

Beim Eindringen des Binders in das Pulver entsteht zunächst ein primäres Gebiet mit einer Bindersättigung von S = 100 % [VERL12, BAI19, COLT21], vergleiche **Bild 2-8**. Die Sättigung S gibt den mit Binder ausgefüllten Anteil des Hohlvolumens im Pulverbett an [VERL12, CHEN16]. Die Sättigung kann ebenfalls als Maß für die Bewertung der Stabilität im Druckprozess herangezogen werden. Resultierend aus einer zu geringen Sättigung, bei welcher das Pulver nicht vollständig gebunden wird, entstehen fragile Bauteile [CHEN16]. Eine zu hohe Sättigung begünstigt Geometrieungenauigkeiten des Bauteils, da zu viel Pulver gebunden wird [CHEN16].

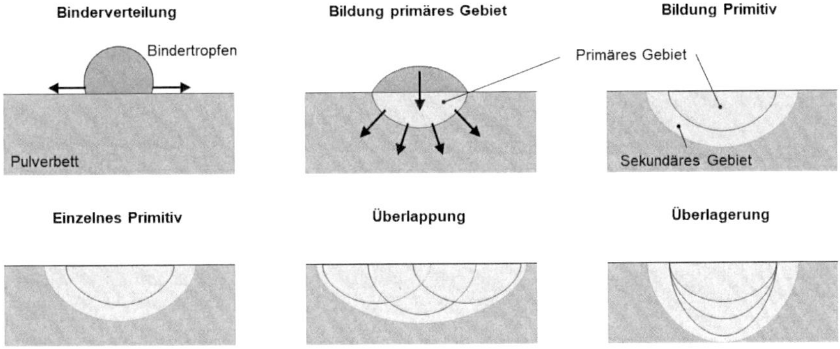

Bild 2-8: Schematische Darstellung des Binderflusses im Pulverbett [MIYA18, BAI19]
Schematic Representation of Binder Flow in the Powder Bed [MIYA18, BAI19]

Aufgrund der Kapillarkräfte fließt der Binder aus dem primären in ein sekundäres Gebiet, das zu Anfang eine Sättigung von S = 0 % besitzt [BAI19, LI20, COLT21]. Das Gesamtgebiet wird als Primitiv bezeichnet. Je größer die Kapillarkräfte sind, desto größer ist die Eindringtiefe und somit das Primitiv [BAI19]. Der Binder fließt so lange vom primären ins sekundäre Gebiet, bis der Kapillardruck in beiden Gebieten im Gleichgewicht steht und der sogenannte Gleichgewichtssättigungsgrad erreicht ist [MIYA16a]. Bei zu hohem Sättigungsgrad fließt überschüssiger Binder außerhalb der definierten Bauteilgrenzen, woraus geometrische Ungenauigkeiten und schlechtere Oberflächenrauheiten resultieren [CHEN16, MIYA16a, LORE20, MARI20, REIN22]. Dieses Phänomen wird als Bleeding bezeichnet [MIYA18, REIN22]. Bei zu geringer Sättigung wird das Pulver unzureichend gebunden, wodurch die Grünteilfestigkeit reduziert wird und ungewollte Kantenverrundungen auftreten [CHEN16, MIYA16a, LORE20, MARI20, REIN22]. Durch Überlappen bzw. Überlagern von Bindertröpfchen respektive Primitiven werden eine kontinuierliche Pulverbindung und die Einstellung des Sättigungsgrades bei einer gegebenen Schichtdicke erreicht [MIYA18, BAI19, LI20]. Die Überlagerung und die Sättigung sind über das eingebrachte Tropfenvolumen, die Schichtdicke D_S und den Abstand zwischen den einzelnen Tropfen einstellbar [MIYA18, BAI19]. Aus der Überlagerung der einzelnen Primitive resultiert die Grünteilfestigkeit in sowie zwischen den Schichtebenen und die Druckstabilität wird beeinflusst [BAI19].

2.2.6 Thermische Nachbehandlung

Thermal Aftertreatment

Nach dem Druck der Zahnräder wird der eingebrachte Binder im Curingprozess ausgehärtet und die Bauteile (Grünteile) können aus dem Pulverbett entnommen werden. Anschließend erfolgen die Entbinderung und Sinterung der Bauteile. Der Entbinder- und Sinterschritt in der Prozesskette des Binder Jetting überführt die Grünteile in den rein metallischen Zustand. Das Ziel des Sinterprozesses ist die Steigerung der Dichte und Festigkeit [BEIS12].

Durch den Curingprozess wird der eingebrachte Binder ausgehärtet, damit die Bauteile eine ausreichende Grünteilfestigkeit erhalten, um aus dem Pulverbett entnommen zu werden [GABR20]. Der Curing-Prozess beinhaltet eine Aufheizphase mit anschließender Aushärtung über einen bestimmten Zeitbereich bei Temperaturen $T_C > 100°C$, sodass die wässrigen Bestandteile des Binders verdampfen [GABR20]. Meist werden Curingtemperaturen um $T_C \approx 200°C$ angewendet [MIYA18, BAI19, MOST21, ZISS22]. Die verbleibenden Binderbestandteile fixieren das Pulver in der geometrisch definierten Bauteilkontur [GABR20]. Die Dauer des Curing ist von der Anzahl der im Druck verwendeten Pulverschichten und Schichtdicken sowie der eingebrachten Bindermenge abhängig [GABR20]. Nach der Entnahme der Bauteile aus dem Pulverbett wird das nicht verwendete Pulver recycelt und kann in folgenden Drucken wiederverwendet werden. Das Grünteil wird der Entbinderung zugeführt. In Abhängigkeit vom thermischen Binderverhalten, ermittelt durch eine thermogravimetrische Analyse, werden die Prozesszeit und der Temperaturverlauf beim Entbindern bestimmt [ANDE18]. Ähnlich wie beim Curing wird eine vorgegebene Temperatur $T_D < 400°C$ nach einer Aufheizphase für eine bestimmte Zeit t_H gehalten [ANDE18]. Da die Parameter des Entbinderungsprozesses zudem mit der verwendeten Art des Ofens, dem Bauteilwerkstoff und der Bauteilgeometrie korrelieren, ist der Prozess des Entbinderns individuell an die vorliegenden Randbedingungen anzupassen [ANDE18].

Das Bauteil wird nach dem Entbindern als Braunteil bezeichnet. Beim folgenden Sinterprozess erfolgt durch die Diffusionsbindung benachbarter Pulverpartikel eine Verdichtung zu einem Kompaktbauteil [BEIS12], die Porosität nimmt mit zunehmender Sinterzeit ab [VERL12, MOST21] und das Bauteilvolumen schrumpft aufgrund von auftretender Schwindung [KLOC18]. Die Sintertemperatur liegt zwingend unterhalb der Solidustemperatur des verwendeten Werkstoffes. Zudem beeinflussen die Temperatur und Atmosphäre sowie die Sinterzeit im jeweiligen Sinterofen den Schwindungsprozess maßgeblich [BEIS12, ANDE18, SCHN22]. Eine isotrop verlaufende Schwindung würde die Prozessauslegung enorm erleichtern. Ursächlich für die mit dem Sintern einhergehende Volumenschwindung des metallischen Bauteils sind die im Generierungsprozess erreichte Dichte des Grünteils sowie die Charakteristik des verwendeten Pulvers [ANDE18]. Bei konstanter Sintertemperatur weist grobkörniges Pulver eine geringere Sintergeschwindigkeit als feines Korn auf [VERL12]. Wird sphärisches Pulver im Druckprozess eingesetzt und besitzt das Pulver eine Abweichung in seiner Form, so werden geringere Dichten beim Pulverauftrag erreicht, die in geringeren Grünteil- und somit Sinterdichten resultieren [VERL12]. Die Schwindung des Bauteils kann bis zu 30 % des ursprünglichen Volumens betragen. Um nach der Sinterung das Bauteil mit den definierten geometrischen Abmaßen zu erhalten, ist das im Formgebungsprozess erzeugte Bauteil (Grünteil) größer zu skalieren. Bei der jeweiligen Betrachtung der einzelnen Koordinatenrichtungen (X, Y und Z) liegen üblicherweise lineare Schrumpfungen von etwa 15 % vor [ZIAE17, MIRZ19]. Das Bauteil wird in allen drei Raumrichtungen mit jeweils einem Skalierungsfaktor SF_i beaufschlagt. Die Skalierungsfaktoren sind individuell und anlagenspezifisch unter Berücksichtigung der gesamten Prozesskette herzuleiten. JANSSON und EDHOLM leiteten jeweils empirische Gleichungen zur Berechnung der dimensionslosen Skalierungsfaktoren SF_i für die in dieser Arbeit verwendete Binder Jetting Anlage DM P2500 der Firma DIGITAL METAL AB sowohl in X- (**Gleichung (2-1)**), Y- (**Gleichung (2-2)**) und Z- Richtung (**Gleichung (2-3)**) aus den gegebenen Endabmaßen her [JANS16]. Probekörper waren mehrere Quader aus 316L unterschiedlicher Längen und der Grundfläche A_f = 1 cm x 1 cm [JANS16]. Die Gleichungen gelten für Quader der Länge $l_z \leq 6$ cm. In X- und Y-Richtung wird zusätzlich ein Korrekturfaktor K_z beaufschlagt, der den Einfluss der Bauteilhöhe (Z-Richtung) auf die entsprechenden Skalierungsfaktoren SF_x und SF_y abbildet [JANS16].

$$0{,}00009 l_x^3 SF_x^3 - 0{,}0013 l_x^2 SF_x^2 + (0{,}008 l_x - 1) SF_x + 1{,}1548 + K_z = 0 \quad \textbf{(2-1)}$$

$$-0{,}00006 l_y^3 SF_y^3 + 0{,}0004 l_y^2 SF_y^2 + (0{,}003 l_y - 1) SF_y + 1{,}1654 + K_z = 0 \quad \textbf{(2-2)}$$

$$-0{,}0002 l_z^3 SF_z^3 - 0{,}0029 l_z^2 SF_z^2 + (0{,}0173 l_z - 1) SF_z + 1{,}174 + K_z = 0 \quad \textbf{(2-3)}$$

l_i	[mm]	Bauteilabmessung der Koordinatenrichtung i	SF_i	[-]	Skalierungsfaktor der Koordinatenrichtung
K_Z	[-]	Korrekturfaktor Z-Richtung			

2.3 Additive Fertigung von Zahnrädern mittels Binder Jetting

Additive Manufacturing of Gears using Binder Jetting

Die Weichbearbeitung von Leistungsverzahnungen erfolgt zum großen Teil durch die subtraktiven Fertigungsverfahren Wälzfräsen, Wälzschälen oder Wälzstoßen [KLOC24]. Im Bereich mechanisch hoch belasteter Antriebsbauteile ist die additive Fertigung metallischer Werkstoffe bisher nicht als Fertigungsalternative etabliert, da trotz optimierter Prozessführung nicht reproduzierbar eingebrachte Defekte in stark streuender Zeit- und Dauerfestigkeit resultieren, siehe folgendes Kapitel 2.4. Durch den additiven Fertigungsprozess sind jedoch aufgrund der zusätzlichen Freiheitsgrade [GEBH13, GEBH16] beispielsweise konstruktionsseitige Optimierungen der Konturgeometrie bei Zahnrädern zur Steigerung der mechanischen Eigenschaften möglich. Der konventionellen Bearbeitung von Zahnrädern sind Grenzen gesetzt, welche durch die Anwendung von additiven Fertigungsverfahren verschoben werden können. Das Binder Jetting von Zahnrädern ist ebenfalls der Weichbearbeitung zuzuordnen. Eine Prozesskette sowie sonstige Forschungen hinsichtlich der Zahnradfertigung mittels Binder Jetting existieren bis dato nicht.

Pulvermetallurgische Zahnräder können sowohl mittels uniaxialem Matrizenpressen als auch additiver Fertigung (Additive Manufacturing, AM) gefertigt werden. Die Herstellung pulvermetallurgischer Zahnräder durch Matrizenpressen ist aufgrund der speziellen Anlagentechnik und der hohen Werkzeugkosten erst bei großen Losgrößen bzw. in der Serienfertigung wirtschaftlich. Aufgrund der Analogie zur bereits etablierten pulvermetallurgischen Herstellung (PM) hochbelasteter Zahnräder durch Matrizenpressen ist die Prozesskette des Binder Jetting für Kleinserienprozesse ableitbar. Daher wird die Prozesskette des Matrizenpressens vorab beschrieben. Beim Matrizenpressen wird Metallpulver durch Stempel in einer Matrize unter hohem Druck verdichtet. Die Pressdrücke liegen üblicherweise bei p_{press} = 600 MPa [BEIS12]. Beim Matrizenpressen werden kostengünstige, spratzige wasserverdüste Pulver eingesetzt und relative Dichten im Bereich von ρ_{rel} = 80 – 90 % erzielt. Die Verfestigung des Grünteils erfolgt durch Sinterung. Die relativ großen Pulverpartikel führen zu geringer Sinteraktivität, wodurch Porosität und Bauteilvolumen nur minimal abnehmen [KLOC18]. Zumeist werden die gepressten und gesinterten Zahnradrohlinge aus dem Legierungssystem Fe + 0,85% Mo + 0,25% C hergestellt [KOTT03, KAUF12, FREC19]. Nach dem Pressen und Sintern verbleibt im Bauteil aufgrund von Poren und Einschlüssen eine prozessbedingte Restporosität von ca. $\varepsilon_P \approx 10$ % [KOTT03]. Somit bestimmt die Porosität im Bauteil direkt die Tragfähigkeit des Volumens, da Poren Fehlstellen im Material darstellen [BEIS12]. Durch Einwirkung äußerer Spannungsfelder und Belastungen im Betrieb liegen an den Fehlstellen Beanspruchungsspitzen aufgrund unterschiedlicher Elastizitätsmoduln im Zahnrad vor. Für die Nachverdichtung der Randzone zur Steigerung der Belastbarkeit der durch Matrizenpressen hergestellten Zahnräder ist der Außenquerwalzprozess ein industriell verbreitetes Verfahren [KOTT03, KAUF12, GRÄS15, FREC19, KLOC24]. Überdies kann die Randzone ebenso durch Kugelstrahlen lokal nachverdichtet werden [KLOC24]. Eine dadurch realisierbare gradierte Dichteverteilung impliziert, zusätzlich zur Gewichtsreduktion, im Zahnrad die Optimierung des NVH-Verhaltens (Noise, Vibration, Harshness) [SCHO24]. Die Poren führen zu einer Dämpfung des Körperschalls [MAND06, BREC17]. Danach erfolgt zur Verbesserung der mechanischen Eigenschaften das Einsatzhärten des Zahnrades. Abschließend wird das Zahnrad hartfein bearbeitet.

Bei der Fertigung von Zahnrädern mittels Binder Jetting in Kleinserie ist - verglichen mit dem Matrizenpressen - keine direkt aus dem Fertigungsprozess resultierende Porosität erwartbar. Die Einstellung der Dichte bzw. Porosität erfolgt über die Prozessparameter während der Fertigung und der Sinterung [BEIS12, CHEN16, MIYA16b,

LORE20, MARI20, REIN22]. Da beim Binder Jetting gasverdüstes, sphärisches Pulver genutzt wird, ist davon auszugehen, dass mittels Binder Jetting gefertigte Zahnräder aufgrund ihrer feinen und runden Poren eine höhere Dauerfestigkeit aufweisen als klassische PM-Zahnräder, deren schlauchförmige Poren größer sind und häufig eine offene Porosität bilden. Zudem können mittels Binder Jetting Werkstoffe verarbeitet werden, vergleiche Kapitel 2.2.1, die in der herkömmlichen PM-Prozesskette nicht uniaxial pressbar sind. Dennoch könnte durch gezielte Steuerung der Fertigungsparameter und einen zusätzlichen Randzonenverdichtungsprozess die Dichtegraduierung analog des Matrizenpressens im Bauteil erhalten und das NVH-Verhalten weiter verbessert werden. Entsprechend der in Bild 2-2 dargestellten Binder Jetting Prozesskette sind für die Verzahnungsfertigung nach der Sinterung möglicherweise noch die Prozessschritte des Randzonenverdichtens sowie der Hartfeinbearbeitung beispielsweise durch Profilschleifen zu ergänzen. Die beim Binder Jetting häufig verwendeten nichtrostenden Edelstähle 316L und 17-4PH lassen verglichen mit dem in der subtraktiven Fertigung für Zahnräder häufig verwendeten Einsatzstahl 16MnCr5 oder dem beim Matrizenpressen etablierten Fe + 0,85% Mo + 0,25% C geringere Festigkeiten erwarten.

2.4 Werkstoffeigenschaften von Binder Jetting Bauteilen

Material Properties of Binder Jetting Components

Im Folgenden werden für das Binder Jetting typische Werkstoffeigenschaften hinsichtlich der resultierenden mechanischen Eigenschaften des Bauteils erläutert. Zuerst werden die Bauteileigenschaften in Abhängigkeit von der Positionierung während des Druckprozesses diskutiert. Ferner werden Untersuchungen zur Lebensdauer zyklisch beanspruchter Binder Jetting Bauteile, wie beispielsweise Zahnräder, vorgestellt. Abschließend werden Charakteristika der Bauteilporosität pulvermetallurgisch hergestellter Bauteile hinsichtlich der Biegewechselfestigkeit beschrieben und ein Dichteexponent abgeleitet.

Richtungsabhängigkeit der resultierenden Bauteileigenschaften

Die Platzierung der Bauteile in der Buildbox des Druckers beeinflusst die mechanischen Eigenschaften des finalen Bauteils erheblich. Je nach Bauteilausrichtung, und der damit einhergehenden Aufbaurichtung, sind möglicherweise die Schichten innerhalb eines Bauteils nicht identisch ausgerichtet. Gründe dafür sind der definierte Verfahrweg des Druckkopfes, mit welchem die Binderauftragsstrategie einhergeht, sowie die Platzierung der Bauteile zur Binder- oder Pulverauftragsrichtung. In Abhängigkeit von der Bauteilausrichtung beim Druck variieren mechanische Kennwerte wie Zugfestigkeit R_m, Streckgrenze $R_{p0,2}$ und Bruchdehnung A [DOYL15, MARI20, HERZ21, HUBE21]. Dieses anisotrope Verhalten wurde vielfach untersucht. HUBER untersuchte Mikrozugproben aus dem Edelstahl 17-4PH hinsichtlich des Einflusses der Aufbaurichtung auf die Zugfestigkeit R_m, die Streckgrenze $R_{p0,2}$ und die Bruchdehnung A [HUBE21]. Zugproben wurden sowohl horizontal in X- und Y-Richtung als auch in vertikaler Z-Richtung (orthogonal zur Belastungsrichtung der Probe) in der Buildbox platziert, vergleiche **Bild 2-9**. Unabhängig von den für den Druck verwendeten konstanten

Fertigungsparametern des Pulver- und Binderauftrages sowie den Sinterparametern, wurde bei der vertikal (Z-Richtung) ausgerichteten Zugprobe (blaue Schraffur) eine geringfügig schlechtere Zugfestigkeit R_m und Streckgrenze $R_{p0,2}$ verglichen mit den horizontal platzierten Proben ermittelt [HUBE21]. Ähnliches detektierte DOYLE in seinen Versuchen [DOYL15]. Im Vergleich zur horizontalen Aufbaurichtung war die Bruchdehnung A, welche die Verformungsfähigkeit der Probe beschreibt, bei vertikaler Aufbaurichtung 12 % geringer [HUBE21]. HERZOG stellte in ähnlichen Versuchen unter Verwendung des Edelstahls 17-4PH Unterschiede in der Zugfestigkeit R_m von bis zu ΔR_m = 50 N/mm² in Abhängigkeit von der Probenausrichtung in der Buildbox fest [HERZ21]. Ebenso wies die in vertikaler Richtung (Z-Richtung) aufgebaute Zugprobe in den Versuchen eine geringere Streckgrenze $R_{p0,2}$ auf [HERZ21].

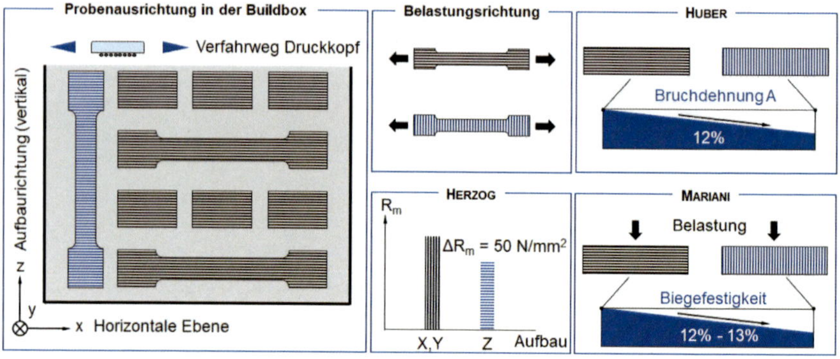

Bild 2-9: Richtungsabhängigkeit resultierender Bauteileigenschaften [MARI20, HERZ21, HUBE21]

Directional Dependence of Resulting Component Properties [MARI20, HERZ21, HUBE21]

Zur Reduzierung des aufgrund des schichtweisen Aufbaus detektierten anisotropen Probenverhaltens wurden im folgenden Druckbatch sämtliche Proben mittels Heiß-Isostatischem Pressen (HIP) nachbehandelt. Dies verbesserte die Zugfestigkeit R_m und Streckgrenze $R_{p0,2}$ in allen Aufbaurichtungen und führte zu einer Angleichung der detektierten mechanischen Kennwerte [HERZ21]. Die Zugfestigkeit war in vertikaler Aufbaurichtung jedoch weiterhin am geringsten [HERZ21]. MARIANI untersuchte die Biegefestigkeit von Grünteilen aus dem Werkstoff 316L in Abhängigkeit von der Aufbaurichtung [MARI20]. Die Biegefestigkeit nahm, verglichen mit der Belastungsrichtung orthogonal zur Schichtausrichtung, parallel zur Schichtausrichtung um bis zu 13 % ab [MARI20]. Ursächlich dafür sind bei paralleler Lastaufbringung Gleitmechanismen, welche zusätzlich durch lose Pulverpartikel zwischen den einzelnen Schichten anisotrop begünstigt werden können [MARI20].

Ferner untersuchte LORES die Dichteverteilung der Grünteile in Relation zur Positionierung im Bauraum [LORE20]. Ein Zusammenhang zwischen der Baumraumposition und der Grünteildichte liegt in horizontaler Richtung (X- / Y-Richtung) vor, jedoch ist kein eindeutiges Muster in der Dichteverteilung im Pulverbett erkennbar. Zudem ist dies eine druckerabhängige Größe. In vertikaler Z-Richtung, also der Aufbaurichtung, sind nahezu keine Dichteunterschiede detektierbar [LORE20].

Lebensdauer zyklisch beanspruchter Bauteile

Wie in Kapitel 2.3 erläutert, resultieren trotz optimierter Prozessführung nicht reproduzierbar eingebrachte Defekte wie Poren, Lunker oder sonstige Einschlüsse in streuenden Festigkeiten der additiv gefertigten Bauteile. Erste Ansätze zur Vorhersage einer von der Belastung unabhängigen Lebensdauer konventionell gefertigter Probenkörper nehmen an, dass die genannten Defekte rissinitiierend und somit Ursache des Versagens sind [LUKA86, COST10, MURA19]. Risse bilden sich jedoch erst ab einer kritischen Defektgröße $\sqrt{area}$ aus [MURA19]. Diese Defektgröße wird als MURAKAMI-Parameter bezeichnet und ist bildanalytisch ermittelbar [MURA19].

Die Untersuchungen von HAJECK an pulvermetallurgisch hergestellten Flachzugkörpern weisen nach, dass Poren im Bauteil maßgeblich die Schwingfestigkeit beeinflussen [HAJE18]. Daraus kann abgeleitet werden, dass das Dichteprofil in der hoch belasteten Randschicht von Zahnrädern eine wichtige Stellgröße zur Tragfähigkeitssteigerung darstellt. Die Einflüsse der verschiedenen Prozessparameter des Binder Jetting auf die resultierende Bauteildichte sind in Kapitel 2.2 erläutert. Untersuchungen zur Schwingfähigkeit von mittels Binder Jetting gefertigten Bauteilen sind bisher wenig publiziert [SCHN18, MOST21]. Binder Jetting Bauteile dienen bisher eher als funktionelle Komponenten und finden kaum Anwendung als mechanisch hoch belastete Bauteile wie beispielsweise Zahnräder. Die Schwingfestigkeit im gesinterten Zustand ist durch mechanische Nacharbeitung signifikant steigerbar, da die aus dem Binder Jetting Prozess resultierende hohe Oberflächenrauheit merklich reduziert wird und auf diese Weise ebenso Druckeigenspannungen, welche die Tragfähigkeit steigern, in die Schwingprobe eingebracht werden [MOST21]. MOSTAFAI führte diese Untersuchungen unter Verwendung des Werkstoffs Inconel 625 durch [MOST21]. SCHNEIDER bewertete die Dauerfestigkeit des Werkstoffs 316L durch Zug-Druck-Wechselbeanspruchung in Abhängigkeit von der Sinterdichte [SCHN18]. Die Schwingproben mit ungekerbter und gekerbter Probengeometrie wurden gemäß DIN EN ISO 3928:2017-03 gefertigt [DIN17b, SCHN18]. Die Dauerfestigkeit von BJT Prüfkörpern mit einer Dichte φ_{rel} = 91 % ist ähnlich zu der von geschmiedeten, additiv durch LPBF und pulvermetallurgisch durch uniaxiales Matrizenpressen hergestellten Werkstoffproben [SCHN18].

Bauteilporosität

Verglichen mit schmelzmetallurgisch hergestellten Bauteilen, deren Eigenschaften vorwiegend durch die chemische Zusammensetzung, die Art der Einschlüsse und die Gefügeausbildung beschrieben werden können, ist das vorrangige Merkmal zur Beschreibung pulvermetallurgisch hergestellter Bauteile deren Porosität [SCHA07]. Die Bauteile besitzen nach dem Sintern eine Restporosität. Somit ist die Dichte eine der wichtigsten Größen pulvermetallurgisch hergestellter Bauteile [KLOC18]. Die Eigenschaften der Bauteile sind porositäts- und somit dichteabhängig [BEIS12]. Bauteilcharakteristika sind beispielsweise mechanische Eigenschaften wie die Zugfestigkeit R_m

oder der Elastizitätsmodul E. Von der Dichteabhängigkeit ausgenommene Bauteileigenschaften sind die Schmelztemperatur, der Wärmeausdehnungskoeffizient, die spezifische Wärme und die CURIE-Temperatur [BEIS12]. BEISS wandte **Gleichung (2-4)** zur Bestimmung der porositätsabhängigen Eigenschaft P eines Bauteils an [BEIS12].

$$\frac{P}{P_0} = \left(\frac{\rho}{\rho_0}\right)^{m_d} \quad \text{(2-4)}$$

P	-	Porositätsabhängige Eigenschaft	P_0	-	Eigenschaft bei voller Dichte
ρ	g/cm^3	Dichte	ρ_0	g/cm^3	Dichte des porenfreien Zustandes
m_d	-	Dichteexponent			

Der Dichteexponent m_d stellt den Zusammenhang zwischen der relativen Eigenschaft P/P_0 eines Bauteils und dessen relativer Dichte ρ/ρ_0 dar. Der Zusammenhang ist in **Bild 2-10** graphisch dargestellt und erlaubt die Abschätzung von Eigenschaften poröser Bauteile.

Eigenschaften poröser Bauteile

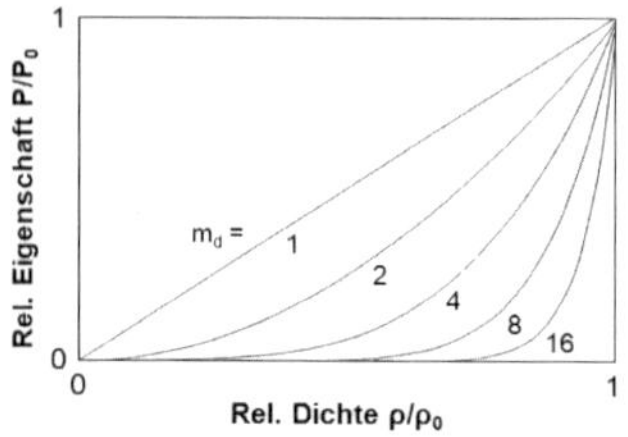

Dichteexponent m_d		
Eigenschaft	$m_{d,min}$	$m_{d,max}$
Wärmeleitfähigkeit	1,5	3,5
Elastizitätsmodul	2,5	4,5
Schwingfestigkeit	3,5	5,5
Schlagzähigkeit (ungekerbt)	12	-

Bild 2-10: Abhängigkeit der Eigenschaften poröser Werkstoffe von relativer Dichte [BEIS12]
Dependence of the Properties of Porous Materials on Relative Density [BEIS12]

BEISS hat zudem eine Reihe an Untersuchungen zur Biegewechselfestigkeit in Bezug zur Dauerfestigkeit zusammengefasst [BEIS12]. Die Biegewechselfestigkeitsuntersuchungen wurden bei einer Mittelspannung von $\sigma_m = 0\ N/mm^2$ an ungekerbten Proben für Stähle mit Legierungszusätzen von Cu, Ni, Mo, P, Cr und C bei einer Bruchwahrscheinlichkeit von $P_a = 50\ \%$ durchgeführt [BEIS12]. Für die Wechselfestigkeit liegt ein Dichteexponent m_d zwischen $m_d = 3{,}32$ und $m_d = 6{,}74$ vor - der durchschnittliche Dichteexponent m_d für die Biegewechselfestigkeit liegt bei $m_d = 5$ [BEIS12].

2.5 Belastungsarten von Zahnrädern

Stress Types of Gears

Zahnräder unterliegen im Einsatz verschiedenen Belastungen. Auch unter konstanter äußerer Betriebslast erfahren die einzelnen Zähne eine dynamische Belastung, da der

Belastungsverlauf eines einzelnen Zahnes während der Radumdrehung einer Impulsfolge entspricht [SCHL10]. Die Bestimmung, ob die vorliegende Belastung des Zahnrades schadenskritisch ist, erfolgt durch die Gegenüberstellung von Beanspruchung und Beanspruchbarkeit des Werkstoffes [KLOC24]. Die zahnradkritischen Belastungsarten sind in **Bild 2-11** dargestellt. Zahnradkritische Beanspruchungen sind vor allem die Wälzbelastung der Zahnflankenoberfläche sowie die Biegebelastung im Zahnfuß [KOTT03]. Die Wälzbelastung resultiert aus der Überlagerung mechanischer Beanspruchungen auf der Zahnflanke infolge von Biegung, Stauchung und Schub sowie der tribologischen Beanspruchung aufgrund des Kontaktes und der Relativbewegung zweier kämmender Zahnflanken [KLOC24]. Sowohl die normal zur Zahnflanke wirkende HERTZ'sche Pressung p_H in der Kontaktfläche und das verwendete Zwischenmedium (zumeist Öl) als auch die Kinematik des evolventischen Zahnflankenkontakts bestimmen vornehmlich die tribologische Beanspruchung. Einzig auf Höhe des Wälzkreises d_w im Wälzpunkt C liegt ein reines Abrollen der beiden Kontaktpartner vor [KLOC24].

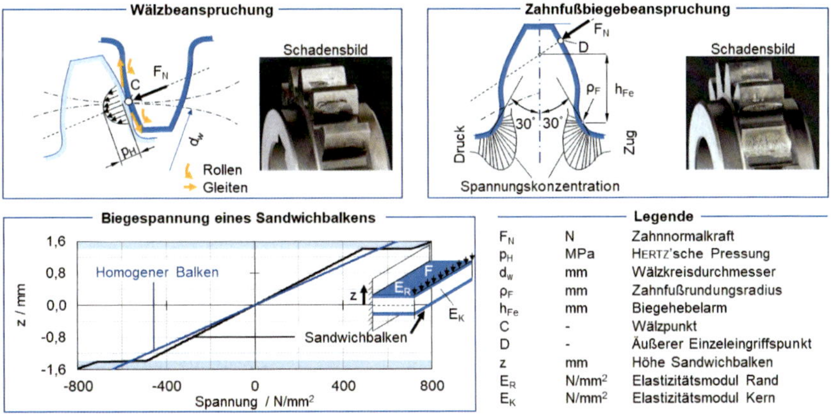

Bild 2-11: Beanspruchungsarten von Zahnrädern [DIN87, KOTT03, NIEM03, SCHL10, BEIS12, KLOC17b, KLOC24]

Stress Types of Gears [DIN87, KOTT03, NIEM03, SCHL10, BEIS12, KLOC17b, KLOC24]

Ursächlich für die Biegebeanspruchung ist die Elastizität des Zahnes infolge der Normalkraftbelastung F_N. Die aus der mechanischen Beanspruchung resultierenden Zug- σ_Z und Druckspannungen σ_D sind nach Vorstellung der Norm ISO 6336-3:2019-11 im Zahnfuß im Bereich der 30°-Tangente maximal [ISO19]. Die Spannungen sind vereinfacht mithilfe des Biegebalkenmodells beschreibbar, wobei der homogene Zahn als eingespannter homogener Balken betrachtet werden kann [KAUF12]. Konventionelle, aus schmelzmetallurgischem Stahl hergestellte Zahnräder und Zahnräder konstanter

Dichte, können vereinfacht als homogen angenommen werden. Mittels dieser Analogiebetrachtung ist die aus der Biegung resultierende geometrische Zahnverformung und kritische Biegespannung berechenbar.

Bei pulvermetallurgisch mittels Matrizenpressen hergestellten Zahnrädern erfolgt nach dem Pressen und Sintern aufgrund der Restporosität im Bauteil die Verdichtung der hochbelasteten Randzone, vergleiche Kapitel 2.3 [KOTT03, KAUF12, GRÄS15, FREC19]. Die somit inhomogene Dichteverteilung eines PM-Zahns kann in einer Analogiebetrachtung hinsichtlich der Materialsteifigkeit auf einen Sandwichbalken mit inhomogenen Materialsteifigkeiten (Elastizitätsmoduln) übertragen werden [KLOC17b]. Die Porosität eines nachverdichteten Zahnrades nimmt von der Randzone hin zum Kern zu, während der Elastizitätsmodul abnimmt [KOTT03]. In Bild 2-11 ist die Biegespannung des homogenen und des Sandwichbalkens über dem Balkenquerschnitt aufgetragen. Während bei konstanter Querkraft F die Spannung des homogenen Balkens linear über die Balkendicke verläuft, induziert die Inhomogenität des Sandwichbalkens einen Spannungssprung zwischen Randzone und Kern. Aufgrund des unverdichteten Bauteilkerns nimmt die Biegespannung in der verdichteten Randzone zu. In der verdichteten Randzone liegen, verglichen mit dem homogenen Balken, um $\Delta\sigma$ = 26 % höhere und im unverdichteten Kern um 13 % geringere Biegespannungen vor [KLOC17b]. Somit ist die Verformung eines Sandwichbalkens analog zu einem pulvermetallurgischen, in der Randzone nachverdichteten Zahnrad, höher als die des homogenen Balkens. Der homogene Balken bildet ein Zahnrad mit homogener Dichteverteilung ab. Demnach steigt die maximal ertragbare Zahnfußspannung pulvermetallurgisch hergestellter und nachverdichteter Zahnräder bei konstanter Belastung an und die Tragfähigkeit des Zahnrades wird gesteigert. Zudem impliziert eine Dichteverteilung im Zahnrad die Optimierung des Noise Vibration Harshness (NVH) Verhaltens, da die Poren zu einer Dämpfung des Körperschalls führen [MAND06, BREC17].

Der Bruch eines Zahnes aus dem Zahnrad in Folge einer Überlastung der Zahnfußtragfähigkeit bewirkt die augenblickliche Beendigung der Funktionsfähigkeit bzw. der Lebensdauer eines Getriebes. Ein herausgebrochener Zahn kann weitere Schäden in Zahneingriffen, Lagern oder Schmierstofffiltern verursachen. Entstandene Wälzschäden auf der Zahnflanke können frühzeitig detektiert und vor Ausfall des Getriebes behoben werden. Strehl führte Untersuchungen hinsichtlich der Vergleichbarkeit von Festigkeitswerten gesinterter (ohne Verdichtung der hochbelasteten Randzone) und schmelzmetallurgisch hergestellter Zahnräder (zumeist aus dem Einsatzstahl 16MnCr5) durch [STRE97]. Vor allem die Restporosität in der hochbelasteten Randzone war ursächlich für bis zu 40 % geringere Zahnfuß- und bis zu 30 % geringere Zahnflankentragfähigkeiten der gesinterten Zahnräder [STRE97]. Randzonenverdichtete pulvermetallurgische Zahnräder verhalten sich hinsichtlich der Wälzbeanspruchung auf der Flanke ähnlich zu konventionell gefertigten Zahnrädern. Untersuchungen zur Dauerfestigkeit im Zahnfuß zeigen jedoch ein deutlich schlechteres Verhalten der pulvermetallurgisch hergestellten Zahnräder verglichen mit der schmelzmetallurgischen Referenz [STRE97, KOTT03, DIZD12, KAUF12, GRÄS15, ANGE17]. Der häufigste Versagensmechanismus pulvermetallurgisch hergestellter Zahnräder ist der Bruch im Zahnfuß aufgrund der Biegebelastung.

2.6 Schlussfolgerung und Ableitung der Problemstellung

Conclusion and Deduction of the Scientific Question

Pulvermetallurgisch (PM) hergestellte Zahnräder weisen aufgrund der endkonturnahen Fertigung ein hohes Potenzial zur Steigerung der Kosten- und Ressourceneffizienz auf [FREC15]. Ein Vorteil pulvermetallurgisch hergestellter Zahnräder ist die im Vergleich zur konventionellen subtraktiven Fertigung prozessbedingte geringere Bauteildichte respektive -porosität. Mit der Porosität geht eine Gewichtsreduktion und mögliche Optimierung des „Noise Vibration Harshness" (NVH) Verhaltens der Zahnräder einher [MAND06]. Pulvermetallurgische Zahnräder können sowohl mittels uniaxialem Matrizenpressen als auch additiver Fertigung (Additive Manufacturing, AM) gefertigt werden. Die pulverbettbasierten additiven Fertigungsverfahren für Metalle werden in sinterbasierte (z.B. Binder Jetting, BJT) und strahlbasierte, thermische Verfahren (z.B. Laser Powder Bed Fusion, LPBF) unterteilt [DIN16, DIN17a]. Die Herstellung pulvermetallurgischer Zahnräder durch Matrizenpressen ist aufgrund der speziellen Anlagentechnik erst bei großen Losgrößen bzw. in der Serienfertigung wirtschaftlich. Die Fertigung pulvermetallurgischer Zahnräder in Kleinserie ist wirtschaftlich aktuell nicht möglich. Mit additiven Fertigungsverfahren soll die Fertigung von Zahnrädern in Kleinserie ermöglicht werden, durch welche die Anforderungen hinsichtlich Wirtschaftlichkeit, Qualität und Festigkeit umsetzbar sind. Grundsätzlich sei anzumerken, dass bei Vergleichen von sowohl mittels uniaxialem Matrizenpressen als auch additiver Fertigung hergestellten Zahnrädern häufig unterschiedliche Werkstoffe verwendet werden.

Das Binder Jetting von Zahnrädern bietet bei ähnlicher Prozesskette die Möglichkeit, die Vorteile pulvermetallurgisch hergestellter Zahnräder in der Kleinserienfertigung abzubilden. Im Binder Jetting Prozess werden Bauteilgrünteile erzeugt, welche durch sekundäre Wärmebehandlungsprozesse konsolidiert werden. Beim Sinterprozess von Binder Jetting Bauteilen gehen die benachbarten Pulverpartikel eine Diffusionsbindung ein [BEIS12]. Das Bauteilvolumen mittels Binder Jetting gefertigter Bauteile schrumpft aufgrund von auftretender Schwindung [KLOC18]. Untersuchungen im Bereich der Zahnradfertigung mittels Binder Jetting liegen nicht vor. Im Bereich mechanisch hoch belasteter Antriebsbauteile ist die additive Fertigung metallischer Werkstoffe bisher nicht als Fertigungsalternative etabliert, da trotz optimierter Prozessführung nicht reproduzierbar eingebrachte Defekte in stark streuender Zeit- und Dauerfestigkeit resultieren. Somit sind die Kenntnisse über das Verhalten zyklisch beanspruchter Binder Jetting Komponenten bisher begrenzt [HAJE18, SCHN18, MURA19, MOST21]. Die Tragfähigkeit pulvermetallurgisch mittels Matrizenpressen gefertigter Verzahnungen weicht von der schmelzmetallurgisch hergestellter Zahnräder ab. Anders als bei der Zahnflankentragfähigkeit zeigen Untersuchungen zur Dauerfestigkeit im Zahnfuß ein höheres Versagensrisiko der pulvermetallurgisch hergestellten Zahnräder verglichen mit der schmelzmetallurgischen Referenz [STRE97, KOTT03,

DIZD12, KAUF12, GRÄS15, ANGE17]. Daher ist dieser Versagensmechanismus auch für Binder Jetting Zahnräder initial kritischer einzustufen.

Auf kommerziellen Binder Jetting Anlagen werden bisher insbesondere nichtrostende Edelstähle (420er Stahl, 316L, 17-4PH) sowie Titanlegierungen und Kupfer verarbeitet [ANDE18, DUTT19, BERG20b, HÖGA20, MOST21]. Die Nutzung der Werkstoffe ist auf die vom Druckerhersteller zertifizierten Werkstoffe beschränkt. Klassische Einsatzstähle wie beispielsweise 16MnCr5 sind bis dato für den Binder Jetting Prozess nicht zertifiziert. Die gepressten und gesinterten Zahnradrohlinge werden zumeist aus dem Legierungssystem Fe + 0,85% Mo + 0,25% C hergestellt [KOTT03, KAUF12, FREC19].

Im Binder Jetting Druckprozess sind viele unterschiedliche Parameter einstellbar. Zum einen sind die Charakteristika des verwendeten Pulvers und Binders zu berücksichtigen, zum anderen beeinflussen die maschinenabhängigen Parameter die Qualität des Endbauteils maßgeblich. So bedingt beispielsweise eine hohe Grünteildichte nicht nur die Wahl der geeigneten Pulverauftragsstrategie und -geschwindigkeit, sondern auch die Auswahl der optimalen Binderauftragsparameter. Eine höhere Grünteildichte impliziert eine geringere Schwindung beim Sintern. Daraus resultiert eine Reduzierung der induzierten Spannungen durch Reibung mit der Sinterauflage und eine Abnahme der Rissbildung [DO17]. Die variablen Stellgrößen im Druckprozess sind zwar individuell einstellbar, die resultierenden Eigenschaften müssen jedoch im Gesamten bewertet werden, da sämtliche Fertigungsparameter miteinander korrelieren. Zudem variieren die mechanischen Eigenschaften des finalen Bauteils in Abhängigkeit von der Probenausrichtung in der Buildbox während des Druckes [DOYL15, MARI20, HERZ21, HUBE21]. Folglich gilt es ebenso die Platzierung der Bauteile gemäß der zu erreichenden Anforderungen des finalen Bauteils zu berücksichtigen. Daher müssen geeignete Parameter für den Binder Jetting Druckprozess abgeleitet werden, die eine reproduzierbare und prozesssichere Fertigung von Zahnrädern bei gleichzeitig vergleichbaren mechanischen Eigenschaften des finalen Bauteils zulassen. Die Charakteristika der Schritte der thermischen Nachbehandlung werden hinsichtlich des Fokus dieser Arbeit bei der Auslegung des Druckprozesses nicht wissenschaftlich analysiert und ausgelegt. Die Verifizierung der Eignung des Binder Jetting in der Zahnradfertigung für Kleinserien und Prototypen sollte über die Zahnfußtragfähigkeit erfolgen. Geeignete Prüfkörper für die Auslegung des Druckprozesses von Binder Jetting Zahnrädern sind abzuleiten, um Zahnfußtragfähigkeiten vorab abschätzen zu können und auf diese Weise die Einflüsse verschiedener Druckparameter zukünftig effizient zu bewerten. Der Fokus dieser Arbeit soll auf den für das Binder Jetting zertifizierten nichtrostenden Edelstählen 316L und 17-4PH liegen.

3 Zielsetzung und Vorgehensweise

Objective and Approach

Mit dem additiven Fertigungsverfahren Binder Jetting soll die wirtschaftliche, ressourceneffiziente und endkonturnahe Fertigung von individualisierten Zahnrädern in Kleinserie prozesssicher und reproduzierbar ermöglicht werden. Die Zahnräder müssen sämtliche Anforderungen hinsichtlich Wirtschaftlichkeit, Qualität und Festigkeit erfüllen. Das uniaxiale Matrizenpressen ist aufgrund der speziellen Anlagentechnik erst bei großen Losgrößen bzw. in der Serienfertigung wirtschaftlich umsetzbar. Prozessbedingt liegt eine geringere Bauteildichte im Gegensatz zur konventionellen subtraktiven Fertigung vor. Mit der resultierenden Porosität geht eine Gewichtsreduktion und mögliche Optimierung des „Noise Vibration Harshness“ (NVH) Verhaltens der Zahnräder bei der pulvermetallurgischen Fertigung einher [MAND06]. Anders als bei der Zahnflankentragfähigkeit zeigen Untersuchungen zur Dauerfestigkeit im Zahnfuß ein höheres Versagensrisiko der pulvermetallurgisch hergestellten Zahnräder verglichen mit der schmelzmetallurgischen Referenz [STRE97, KOTT03, DIZD12, KAUF12, GRÄS15, ANGE17]. Die Eigenschaften von Binder Jetting Zahnrädern werden stark durch die Wechselwirkungen der einzelnen Parameter während des Fertigungsprozesses beeinflusst. Grundsätzlich sei anzumerken, dass bei Vergleichen von sowohl mittels uniaxialem Matrizenpressen als auch additiver Fertigung hergestellten Zahnrädern häufig unterschiedliche Werkstoffe verwendet werden. Bisher existiert keine Auslegungsmethode des Binder Jetting Druckprozesses zur Fertigung von hochbelastbaren Zahnrädern.

Das Ziel dieser Arbeit ist die Auslegung des Druckprozesses beim Binder Jetting zur Fertigung von Zahnrädern mit hoher Zahnfußtragfähigkeit. Die für den Binder Jetting Prozess auf der verwendeten Versuchsmaschine DM P2500 der Firma DIGITAL METAL AB zur Verarbeitung zertifizierten nichtrostenden Edelstähle 316L (X2CrNiMo17-12-2) und 17-4PH (X5CrN-CuNb16-4) werden berücksichtigt. Beide für den Binder Jetting Prozess etablierten Werkstoffe sind nicht den typischen Zahnradwerkstoffen zuzuordnen, dienen aber der erstmaligen Ableitung von Binder Jetting Druckparametern für die komplexe Zahnradfertigung. Daher ist die wissenschaftliche Auslegung der folgenden thermischen Nachbehandlung nach dem Druckprozess nicht Teil dieser Arbeit. Die Bewertung des Druckprozesses erfolgt zum einen anhand der rissfreien Fertigung und Reproduzierbarkeit der mechanischen Eigenschaften, sowie zum anderen durch die resultierende Zahnfußtragfähigkeit. Die generierten Ergebnisse können durch den Vergleich mit der Zahnfußtragfähigkeit von schmelzmetallurgisch, subtraktiv gefertigten Zahnrädern gleichen Werkstoffes und gleicher Geometrie eingeordnet werden. Zudem wird analysiert, inwieweit die Fußfestigkeit von Binder Jetting Zahnrädern durch die Nutzung von Werkstoffproben wirtschaftlich abgeschätzt werden kann. Die *wissenschaftlichen Herausforderungen* dieser Arbeit sind zum einen die Ermittlung der Auswirkungen von Binder Jetting Parametern im Pulver- und Binderauftrag auf die Eigenschaften des Zahnradgrünteils, sowie zum anderen die Bestimmung des Einflusses der durch den Druck erzielbaren Bauteilqualität auf die Zahnfußtragfähigkeit. Die *Originalität* liegt in der erstmaligen Ableitung von Binder Jetting Druckparametern für die Zahnradfertigung in Kleinserie unter der Berücksichtigung resultierender mechanischer Eigenschaften. Zudem ermöglichen umfassende Untersuchungen zur Zahnfußtragfähigkeit der additiv gefertigten Zahnräder im Vergleich zu Referenzverfahren eine erstmalige Abschätzung der Lebensdauer von Binder Jetting Zahnrädern und die Analyse der Versagensmechanismen unter zyklischer Belastung. Dieser vorliegenden Arbeit liegt die folgende Forschungshypothese zugrunde:

Forschungshypothese: Durch eine wissensbasierte Auslegung des Druckprozesses beim Binder Jetting können Zahnräder prozesssicher gefertigt werden, die nach Durchführung nachfolgender Prozessschritte (Sintern, Schleifen) zu einer möglichst hohen Zahnfußtragfähigkeit verglichen mit konventionellen Stahlzahnrädern führen.

Zur Verifizierung der Forschungshypothese sind die nachstehenden vier Forschungsfragen zu beantworten:

Forschungsfrage 1: Welche Zusammenhänge bestehen bei der Interaktion von schichtweisem Pulverauftrag und Binderbenetzung hinsichtlich der resultierenden Bauteileigenschaften beim Binder Jetting?

Forschungsfrage 2: Wie muss der Druckprozess beim Binder Jetting ausgelegt sein, um eine möglichst hohe Zahnfußfestigkeit von Zahnrädern zu erzielen?

Forschungsfrage 3: Wie können die empirischen Erkenntnisse zur Auslegung des Druckprozesses sowie die resultierende Zahnfußtragfähigkeit für Binder Jetting Zahnräder zusammengeführt werden, um zukünftig eine ganzheitliche Auslegung der Binder Jetting Prozesskette für Zahnräder zu ermöglichen?

Forschungsfrage 4: Wie kann die Zahnfußtragfähigkeit von Binder Jetting Zahnrädern durch die Nutzung von Werkstoffproben wirtschaftlich abgeschätzt werden, um zukünftig Variationen im Druckprozess effizient zu bewerten?

Im Kapitel 4 dieser Arbeit werden die verwendeten Materialien und Methoden vorgestellt. Die im folgenden Kapitel 5 durchgeführten Voruntersuchungen bzw. Stichversuche zur Zahnfußtragfähigkeit von Zahnrädern aus den Werkstoffen 316L und 17-4PH bilden die Grundlage für die in Kapitel 6 beginnenden systematischen Untersuchungen der Pulver-Binder-Interaktion. Die ersten Untersuchungen mit dem Werkstoff 316L (Kapitel 5) sollen - in Anlehnung an die Prozesskette des uniaxialen Matrizenpressens mit einer nachverdichteten Randzone - die Eignung des Binder Jetting für die Zahnradfertigung durch reproduzierbare Ergebnisse verifizieren. Dieser metallische Werkstoff ist für das Binder Jetting Verfahren zertifiziert und sehr etabliert. Der Werkstoff 17-4PH ist weniger ausführlich betrachtet worden [LI20]. Da der Werkstoff 17-4PH deutlich höhere Festigkeitskennwerte und veränderte Werkstoffcharakteristika aufweist und somit eine höhere Zahnfußtragfähigkeit impliziert, sind für das bessere Verständnis des Druckprozesses anschließend weitere Untersuchungen durchzuführen. Durch das entwickelte Prozessverständnis wird die gezielte Parametervariation im Kapitel 6 auf die für die Zahnradfertigung relevantesten Stellgrößen im Binder

Jetting Druckprozess eingegrenzt. In Kapitel 6 folgen die systematischen Untersuchungen zum Pulver- und Binderauftrag mit dem Werkstoff 17-4PH. Der Einfluss des Pulver- und Binderauftrages auf die Grünteilfestigkeit und die Geometriegenauigkeit wird systematisch detektiert, wodurch die *erste Forschungsfrage* beantwortet wird (Kapitel 6.3).

Anschließend sind die finalen Fertigungsparameter für den Zahnraddruck abzuleiten. Die Zahnräder werden nach dem Druckprozess den nachgelagerten thermischen Prozessschritten (Entbinderung, Sinterung) zugeführt (vgl. Bild 2-2). Die wissenschaftliche Auslegung dieser Prozessschritte ist ebenso wie ein mögliches Lösungsglühen zur Steigerung der Tragfähigkeit nicht Teil der Arbeit. Das Entbindern und das Sintern werden von einem externen Industriedienstleister durchgeführt. Konstruktive Anpassungen im Zahnraddruckprozess sind resultierend aus den Erkenntnissen der nachgelagerten thermischen Prozesse jedoch durchzuführen. Im Anschluss werden die Zahnräder aus dem nichtrostenden Edelstahl 17-4PH gefertigt und auf dem Prüfstand hinsichtlich der Zahnfußtragfähigkeit in der Zeit-und Dauerfestigkeit untersucht (Kapitel 7). Somit ist die *zweite Forschungsfrage* beantwortet. Um den Einfluss der Bauteilporosität auf die Tragfähigkeit zu detektieren, werden Zahnradvarianten gleicher Geometrie, aber unterschiedlicher durch das Sintern eingebrachter Dichten für die Untersuchungen herangezogen. Zusätzlich wird die Zahnfußtragfähigkeit der schmelzmetallurgisch, subtraktiv gefertigten Referenzvariante aus dem Werkstoff 17-4PH und identischer Geometrie ermittelt. Eine nachgelagerte Wärmebehandlung ist in Analogie zur Fertigung der Binder Jetting Zahnräder nicht Teil der Prozesskette. Auf diese Weise wird die Zahnfußfestigkeit der Binder Jetting Zahnräder in den Stand der Technik eingeordnet.

Im Folgenden werden die generierten empirischen Erkenntnisse zur Auslegung des Druckprozesses und der resultierenden Zahnfußtragfähigkeit von Binder Jetting Zahnrädern aus 17-4PH zusammengeführt, Kapitel 8. Diese Erkenntnisse des Druckprozesses sind zukünftig nutzbar, um den Binder Jetting Prozess für Zahnräder ganzheitlich unter zusätzlicher Berücksichtigung der wissenschaftlichen Auslegung der thermischen Prozesse beschreiben zu können. Auf diese Weise wird die *dritte Forschungsfrage* beantwortet.

Aufgrund der umfangreichen erstmaligen Auslegung des Binder Jetting Druckprozesses für Zahnräder ist die sinnvolle Nutzung von Werkstoffproben (Umlaufbiegeproben) zur wirtschaftlichen und ressourceneffizienteren Abschätzung der Zahnfußtragfähigkeit der additiv gefertigten Zahnräder zu prüfen, Kapitel 9. Die Proben werden ebenfalls zyklisch belastet und sowohl die Zeit- als auch die Dauerfestigkeitsgerade abgeleitet. Somit ist die mögliche Abschätzung der Zahnfußtragfähigkeit anhand von Werkstoffproben bewertbar. Dies wird zukünftig Prozessauslegungen sowie die Analyse von Variationen im Druckprozess auf die Tragfähigkeit und ebenso Werkstoffentwicklungen sowohl ökologisch als auch ökonomisch optimieren. Die *vierte Forschungsfrage* gilt nun als beantwortet.

4 Materialien und Methoden

Materials and Methods

Um ein Verständnis für die Interaktion der spezifischen Maschinencharakteristika mit den für die Prozessauslegung relevanten Parametern und Stellgrößen zu entwickeln, werden im Kapitel 4.1 die Charakteristika der Binder Jetting Maschine DM P2500 der Firma DIGITAL METAL AB erläutert. Anschließend wird die in dieser Arbeit verwendete Zahnradgeometrie vorgestellt, sowie die Pulveraufbereitung und -charakterisierung werden beschrieben. Folgend wird die Methode zur Untersuchung der Zahnfußtragfähigkeit auf dem Pulsatorprüfstand dargelegt.

4.1 Charakteristika der Fertigungsmaschine DM P2500

Characteristics of the DM P2500 Production Machine

Zur Fertigung der untersuchten Zahnräder wurde die Binder Jetting Anlage DM P2500 der Firma DIGITAL METAL AB eingesetzt, vgl. **Bild 4-1**. Die Kenntnis der Funktionsweise dieser Maschine ist unabdingbar zur weiteren Auslegung des Fertigungsprozesses von Binder Jetting Zahnrädern. Sowohl die Funktionsweise des Druckkopfes nebst Kalibrier- und Reinigungsvorgang als auch die des Pulver- und Binderauftrages werden erläutert. Anschließend werden die für das Verständnis der Arbeit relevanten Einstell- und Variationsmöglichkeiten der Maschinenparameter dargelegt.

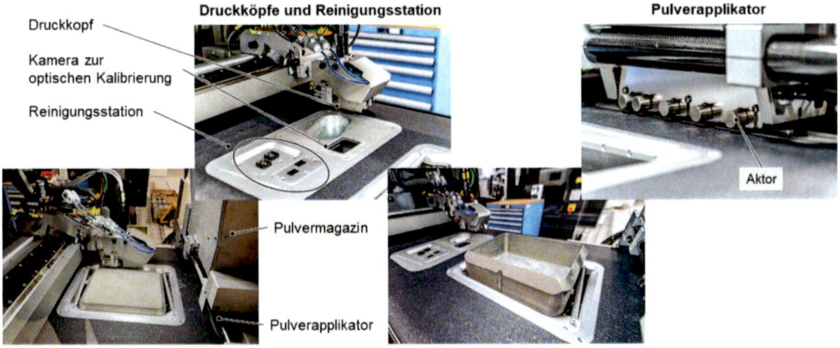

Bild 4-1: Binder Jetting Maschine DM P2500 der Firma DIGITAL METAL AB
Binder Jetting Machine DM P2500 of the Company DIGITAL METAL AB

4.1.1 Druckkopf

Print Head

Im Druckkopf der Maschine sind zwei Kartuschen verbaut. Sie befinden sich unter der metallischen Abdeckung, vgl. Bild 4-1. Der Druckkopf ist in der Ebene in beide Koordinatenrichtungen verfahrbar. Über Schläuche wird der Binder aus dem Binderreservoir in die Kartuschen geleitet. Der Binder ist an der dunkelblauen Färbung zu erkennen. Verwendet wurde ein organischer Binder des Typen C20 der Firma DIGITAL METAL AB. Der Binder ist aus mehr als 70 m% Wasser, 1 – 20 m% Triethylenglykol, 1 – 10 m% Alkohol und 0,1 – 2 m% Tensiden zusammengesetzt. An der Unterseite der Kartuschen befinden sich feine Düsen, über die der Binder gezielt auf das Pulverbett aufgebracht wird. Die ins Pulverbett eingebrachte Bindermenge m_{Binder} ist über die Ansteuerung einer unterschiedlichen Düsenanzahl (Pixelanzahl) der jeweiligen Kartusche einstellbar. Die Grünteilgeometrie wird in der Ebene mittels Pixel beschrieben. Somit können anhand definierter Muster, ähnlich dem eines Schachbrettes, Pixel beim Binderauftrag ausgelassen werden. Mindestens 50 % aller Pixel einer Bauteilkontur müssen bedruckt werden. In der verwendeten Binder Jetting Maschine DM P2500 wird die eingebrachte Bindermenge m_{Binder} durch das Dark-Level beschrieben, wobei Dark 0 der Hälfte der maximal einbringbaren Bindermenge entspricht und Dark 8 100 %. Dark-Level 1 und Dark-Level 3 entsprechen somit beispielsweise 56,25 % und 68,75 % der maximal einbringbaren Bindermenge. Die Genauigkeit der Düsenausrichtung beeinflusst maßgeblich die Qualität des Druckergebnisses. Fehler der Düsenausrichtung sind in drei Raumrichtungen möglich. Die Kalibrierung des Druckkopfes erfolgt vor jedem Druck mittels eines in der Maschine verbauten optischen Kamerasystems, welches anhand definierter Features an den Kartuschen die relative Ausrichtung der Druckköpfe zueinander berechnet. Anschließend können vom Maschinenbediener durch Anziehen oder Lockern von Kalibrierschrauben die Druckköpfe relativ zueinander in vertikale und horizontale Richtung verschoben oder gegeneinander verkippt werden.

4.1.2 Reinigungsstation

Cleaning Station

Neben dem Schauglas der Kamera befindet sich die Reinigungsstation des Druckkopfes. Die Düsen werden nach jedem fünften Durchlauf des Binderauftrags gereinigt. An den Düsen treten zwei Arten von Verunreinigungen auf, welche die Düsen verstopfen können: Pulver- und Restbinderanhaftung. Um die einwandfreie Funktion des Druckkopfes sicherzustellen, müssen eventuelle Verunreinigungen entfernt werden. Die Düsen werden mit deionisiertem Wasser gereinigt. Anschließend wird das am Druckkopf anhaftende deionisierte Wasser durch eine Vakuumabsaugung entfernt. Auf diese Weise ist sichergestellt, dass kein Wasser in das Pulverbett gelangt.

4.1.3 Buildbox

Buildbox

Der Druckkopf benetzt das in der Buildbox vorliegende Pulverbett entsprechend der definierten Geometrie mit Binder. Die Buildbox wird während eines Druckes auf einer auf T_B = 70 °C erwärmten und höhenverstellbaren Bauplattform platziert. Die Buildbox besitzt eine verschiebbare Bodenplatte, welche durch Erzeugung eines Vakuums an der Bauplattform haftet. Die Bodenplatte ist entlang der Seitenwände der Buildbox verschiebbar und wird nach Auftrag einer Pulverschicht um den Betrag einer Schichtdicke D_s abgesenkt. Dadurch ist der schichtweise Aufbau der Bauteile gewährleistet.

4.1.4 Pulverapplikator und Pulverauftrag

Powder Applicator and Powder Application

Der Pulverauftrag erfolgt über den Pulverapplikator, der als Trichter ausgeführt ist und auf T_p = 70 °C geheizt wird, um das benötigte Pulverfließverhalten zu erreichen. Über dem Trichter befindet sich das ebenfalls auf T_p = 70 °C beheizte Pulvermagazin. Der Trichter wird vor dem Pulverauftrag mit einer definierten Menge Pulver befüllt. Der Pulverapplikator verfährt linear über die Buildbox, wobei das Pulver aus dem Trichter durch den Spalt in die Buildbox fließt. Der Pulverfluss wird durch die oszillierende Bewegung von zehn Aktoren gewährleistet. Durch einen Schieber wird die aufgebrachte Schicht eingeebnet. Mögliche Variationsgrößen des Pulverauftrages sind im Stand der Technik beschrieben, vgl. Kapitel 2.2.4.

4.1.5 Binderauftragsstrategie

Binder Application Strategy

Die Auftragsstrategie beschreibt den Auftragspfad des Binders auf das Pulverbett und ist daher unmittelbar mit dem Verfahrweg des Druckkopfes verbunden. Beim Druck sämtlicher Bauteile wird der Vierwegeansatz verwendet, welcher die Binderverteilung über die gesamte Bauteilhöhe optimiert. Dieser ist durch das regelmäßige Abfahren vier verschiedener Auftragswege des Druckkopfes charakterisiert, vgl. **Bild 4-2** links. Der Binderauftrag startet abwechselnd an den vier Eckpunkten der Buildbox.

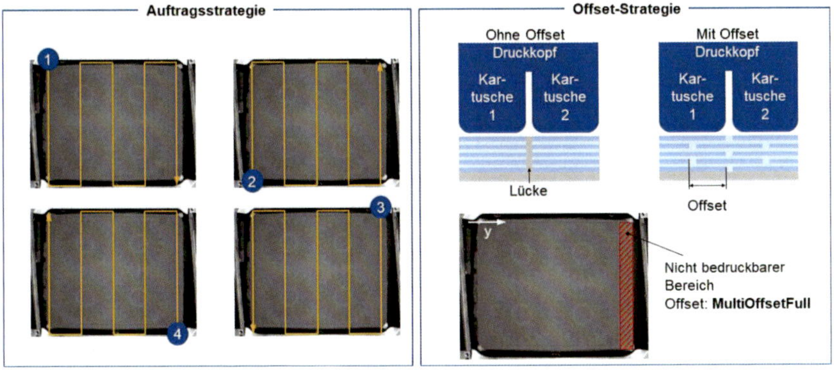

Bild 4-2: Binderauftrags- und Offset-Strategie
Binder Application Strategy and Offset-Strategy

Die gewählte Vierwegestrategie forciert unregelmäßigen Binderauftrag, wodurch Schwachstellen in den Endbauteilen verhindert werden. Als unregelmäßiger Auftrag ist der Auftrag des Binders an einer definierten Stelle durch Binder aus abwechselnden

Düsen zu verstehen. Dadurch sinkt das Risiko von Fehlstellen im Bauteil durch beispielsweise eine verstopfte Düse, welche ohne Vierwegestrategie durchgehend die gleichen Positionen auf dem Pulverbett benetzen würde.

Des Weiteren wird beim Druck eine sogenannte Offset-Strategie anwendet, vgl. Bild 4-2 rechts. Durch das Überlappen der Binderauftragsbereiche werden aufgrund des Zwischenbereiches beider Kartuschen im Druckkopf Lücken zwischen den einzelnen Drucklinien vermieden. Da der Offset des Druckkopfes in verschiedenen Pulverschichten erfolgt, werden binderauftragsbedingte Schwachstellen im Bauteil vermieden und der Binder wird gleichmäßig im Grünteil verteilt. Der Offset wird senkrecht zur Verfahrrichtung beim Binderauftrag kompensiert. Die Anwendung der Offset-Strategie verringert den Druckbereich in der Buildbox aufgrund von Bruchgefahr der Bauteile in diesem Bereich minimal.

4.2 Zahnradgeometrie

Gear Geometry

Der in dieser Arbeit untersuchte geradeverzahnte Zahnradkörper besitzt z_2 = 20 Zähne bei einem Kopfkreisdurchmesser $d_{a,2}$ = 71,698 mm, einem Modul $m_{n,2}$ = 3,175 mm und einer Zahnbreite b_2 = 18 mm. Weitere Werkstückdaten sind in **Bild 4-3** dargestellt. In Abhängigkeit von der definierten Zieldichte werden die Zahnräder mit dimensionslosen Skalierungsfaktoren SF_i sowohl in X-, Y- und Z- Richtung beaufschlagt. Da für die Zahnradfertigung mittels Binder Jetting keine validen Skalierungsfaktoren bekannt sind, wurden diese für die initialen Zahnraddrucke, Kapitel 5, in Anlehnung an JANSSON und EDHOLM (Kapitel 2.2.6) abgeschätzt [JANS16].

Werkstückdaten		
Werkstoff	316L / 17-4PH	
Zähnezahl z_2	= 20	
Modul $m_{n,2}$	= 3,175	mm
Kopfkreis-Ø $d_{a,2}$	= 71,698	mm
Fußkreis-Ø $d_{f,2}$	= 56,093	mm
Eingriffswinkel $\alpha_{n,2}$	= 20 °	
Schräg.-winkel β_2	= 0 °	
Profilver.-faktor x_2^*	= 0,205	
Zahnbreite b_2	= 18	mm
Profilüb.-deckung ε_α	= 1,5	

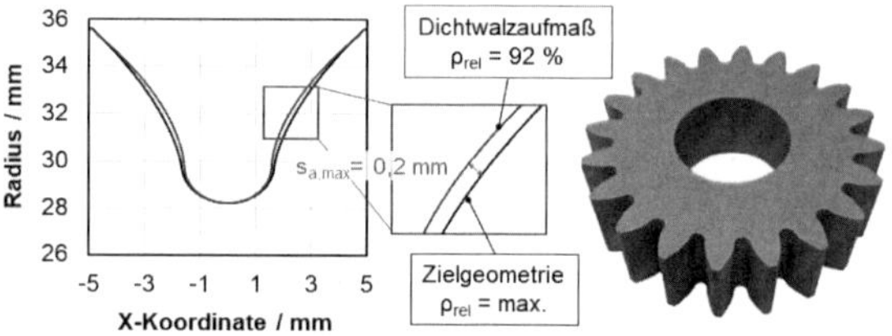

Bild 4-3: Zahnradgeometrie
Gear Geometry

In Analogie zur Prozesskette des uniaxialen Matrizenpressens wird für das Binder Jetting im Rahmen dieser Arbeit zwischen einer Zahnradgeometrie mit und ohne Dichtwalzaufmaß unterschieden. Die Sinterung der Zahnräder mit Dichtwalzaufmaß zur Nachverdichtung der Randzone erfolgt auf eine relative Zieldichte von ρ_{rel} = 92 %, vgl. Kapitel 2.3. Die Zahnräder werden lokal auf der Zahnflanke und im Zahnfuß verdichtet. Der zu verdichtende vorverzahnte Walzrohling, welcher achsparallel zwischen zwei Walzwerkzeugen eingespannt wird, weist das maximale Dichtwalzaufmaß $s_{a,max}$ = 0,2 mm im Bereich des Wälzkreises d_W auf [FREC19], vgl. Bild 4-3 Mitte. Das gewählte Aufmaß des Walzrohlings bestimmt das resultierende Dichteprofil und somit das Einsatzverhalten der pulvermetallurgisch hergestellten Verzahnung [DIZD12]. Neben dem Materialfluss normal zur Zahnflanke wird ein tangentialer Materialfluss ausgehend vom Wälzkreis in Richtung des Fuß- und Kopfkreises bewirkt. Im Zahnfuß liegt aufgrund des Materialflusses vom Wälzkreis in den Zahnfuß ein geringeres Aufmaß von s_a = 0,1 mm vor. Am Zahnkopf liegt ein Untermaß, resp. negatives Aufmaß, von s_a = -0,1 mm zur Vermeidung von Kopfwachstum über die Zielgeometrie hinaus vor. Somit weisen die Rohlinge kein evolventisches Profil auf. Die Sinterung der Zahnräder ohne Dichtwalzaufmaß, d.h. Zielgeometrie mit Schleifaufmaß, erfolgt hinsichtlich einer maximal möglichen relativen Zieldichte von $\rho_{rel} \approx 99$ %.

4.3 Pulveraufbereitung und -charakterisierung

Powder Preparation and Characterization

Bevor das Pulver in den Drucker eingefüllt wird und schichtweise aufgetragen werden kann, erfolgt die Zusammenstellung bzw. die Mischung des Pulvers. Das beim Binder Jetting Prozess nicht bedruckte Pulver aus der Buildbox wird nach einem Druck recycelt und steht somit für den kommenden Druck erneut zur Verfügung. Üblicherweise besteht eine Pulvermischung für den Druck aus einem Drittel neuem und zwei Dritteln recyceltem Werkstoffpulver. Vor der Wiederverwertung des Pulvers aus vorherigen Druckprozessen ist ein Siebprozess zur Entfernung von Anhaftungen und größeren Pulverpartikeln notwendig. Die Siebkolonne besteht aus zwei auf einer Rüttelplatte übereinander angeordneten Sieben mit einer Maschenweite von 45 µm und 32 µm. Das höher angeordnete 45 µm-Sieb siebt die Grobanteile heraus. Im darunter angeordneten Sieb mit einer Maschenweite von 32 µm werden gröbere Kornpartikel aus dem Pulver entfernt. Diese können durch Anhaftungen aus recyceltem Pulver entstehen. Daraus resultiert eine maximale Korngröße von 32 µm für den Binder Jetting Prozess. Anschließend werden die Pulveranteile mittels eines Mischers gemischt und auf T_p = 80 °C vorgewärmt, getrocknet und in das Pulvermagazin, welches zur Sicherstellung der Fließfähigkeit die Temperatur bei T_p = 70 °C hält, eingefüllt. Die Korngrößenverteilung kann anschließend mittels Partikelgrößenanalyse ermittelt werden. Zudem werden mittels nasschemischer Analyse die elementaren Massenanteile des Pulverwerkstoffs gemessen und in die Toleranzen für Stahlerzeugnisse gemäß DIN EN 10088-1:2024-04 eingeordnet [DIN24].

4.4 Zahnfußtragfähigkeit auf dem Pulsatorprüfstand

Tooth Bending Strength on the Pulsator Test Rig

Zahnradkritische Beanspruchungen resultieren vor allem aus der Wälzbelastung der Zahnflankenoberfläche sowie der Biegebelastung im Zahnfuß [KOTT03, SCHL10, HABE18]. Der Bruch eines Zahnes aus dem Zahnrad in Folge der Zahnfußbiegebeanspruchung bewirkt die augenblickliche Beendigung der Funktionsfähigkeit bzw. der Lebensdauer eines Getriebes. Ein herausgebrochener Zahn kann weitere Schäden an Zahnrädern, Lagern oder Schmierstofffiltern verursachen. Die Zahnfußtragfähigkeit beschreibt die Resistenz eines Zahnrades gegenüber einem Zahnbruch [POLL20]. Potenzielle Ursachen eines Zahnbruchs sind zum einen eine Überbelastung und Überlast in Form eines Stoßes und zum anderen ein Dauerbruch durch erhöhte Laufzeit bei Belastung oberhalb der Dauerfestigkeit [SCHL10, HABE18]. Kerben oder Härterisse bilden häufig den möglichen Ausgangspunkt des Versagens eines Zahnes [SCHL10]. Der Zahnbruch tritt im Zahnfuß auf und entsteht dabei fast ausschließlich auf der zugbeanspruchten Seite des Zahnes [HABE18].

4.4.1 Versuchsaufbau und -beschreibung

Experimental Design and Description

Die experimentellen Untersuchungen der geschliffenen BJT Zahnräder hinsichtlich der Zahnfußtragfähigkeit werden auf einem Pulsatorprüfstand durchgeführt. Der Pulsator bildet mit einem Analogiekonzept der Lastaufbringung näherungsweise einen Teil des im Zahneingriff vorliegenden Beanspruchungsverlaufes ab, vgl. **Bild 4-4** [KLOC24]. Die aus der mechanischen Beanspruchung resultierenden Zug- und Druckspannungen σ_Z und σ_D sind nach Definition der Norm ISO 6336-3:2019-11 im Zahnfuß im Bereich der 30°-Tangente maximal [ISO19].

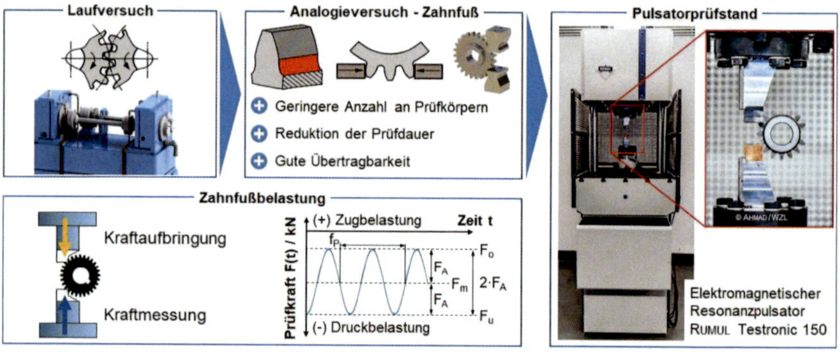

Bild 4-4: Analogieversuch am Pulsatorprüfstand zur Untersuchung der Zahnfußtragfähigkeit [KLOC24]

Analogy Test for Determining the Tooth Bending Strength [KLOC24]

Wesentlicher Vorteil des Pulsatorversuchs gegenüber dem Laufversuch ist die mehrmalige Verwendung eines Zahnrades, da lediglich ein Zahn bzw. Zahnpaar für einen Versuch verwendet wird und somit mehrere Versuche an einem Zahnrad durchführbar sind. Zudem wird kein Gegenrad benötigt. Die Anzahl möglicher Versuchspunkte ist von der zu untersuchenden Berührlinie sowie der Zähnezahl z_2 der Verzahnung abhängig. Das Zahnrad wird über mehrere Zähne zwischen zwei planparallelen Pulsatorbacken eingespannt. Die Anzahl der geklemmten Zähne beträgt bei den in dieser Arbeit durchgeführten Untersuchungen $z_{geklemmt} = 4$. Über den Kontakt zwischen Pulsatorbacke und eingeklemmtem Zahn wird die Zahnnormalkraft auf die Verzahnung aufgebracht. Eine Backe führt eine schwingende Bewegung aus und leitet auf diese

Weise einen sinusförmigen Kraftverlauf in den Zahn ein. Die andere ortsfeste Backe nimmt die eingeleitete Kraft auf. Die Überwachung und Regelung der eingeleiteten Kraft erfolgt mithilfe einer Kraftmessdose. Die oszillierende Prüfkraft F(t) schwingt mit der Pulsatorfrequenz f_P um die mittlere Pulsatorprüfkraft F_m zwischen der oberen Pulsatorprüfkraft F_o und unteren Pulsatorprüfkraft F_u, die aus der vorgegebenen Kraftamplitude F_A berechnet werden [KLOC24]. Die negative obere Pulsatorprüfkraft ist notwendig, damit das Zahnrad während des Versuchs an der definierten Einspannposition verbleibt. Liegt die Pulsatorfrequenz f_P unterhalb der kritischen Prüffrequenz von f_{krit} = 200 Hz, sind keine Einflüsse der Prüffrequenz auf die Ergebnisse zu erwarten [ISSL06]. Die Grenzschwingspielzahl für die Zahnfußtragfähigkeit ist nach ISO 6336-3:2019-11 auf $N_G = 3 \cdot 10^6$ Lastwechsel (LW) festgelegt [STAH12, ISO19]. Aufgrund zunehmender Anwendungen von Getrieben in Turbomaschinen (UHCF-Bereich; Ultra High Cycle Fatigue) treten Zahnbrüche ebenso bei deutlich höheren Lasten auf. In Abhängigkeit von der späteren Anwendung werden zum Teil bis zu 10 Mio. Lastwechsel als Grenze der Zeit- zur Dauerfestigkeit, auch Knicklastspielzahl genannt, definiert [AMER04, BRET11, POLL20].

4.4.2 Vorgehensweise bei der Untersuchung der Zahnfußtragfähigkeit

Procedure for Examining the Tooth Bending Strength

Die experimentelle Untersuchung der Zahnfußtragfähigkeit mittels des Pulsatorprüfstands erlaubt unter Anwendung geeigneter Versuchs- und Auswertemethoden die Ableitung einer Wöhlerlinie im Zeit- und Dauerfestigkeitsbereich [HAIB06]. Zur Durchführung der Versuche existieren unterschiedliche Methoden: in der Zeitfestigkeit unter anderem das Horizonten- und Perlschnurverfahren und in der Dauerfestigkeit das Treppenstufenverfahren [KLOC24]. Die Methoden unterscheiden sich in der Durchführungsreihenfolge der Versuche, dem Untersuchungsaufwand und der Ergebnisgüte [KLOC24]. Im Folgenden werden die in dieser Arbeit verwendeten Methoden zur Ermittlung der Dauer- und Zeitfestigkeit betrachtet.

Zur Beschreibung der Bauteilcharakteristik am Übergang zum dauerfesten Lastbereich wird das Treppenstufenverfahren [DIXO48] genutzt. Die Auswertung des Treppenstufenverfahrens erfolgt nach Hück [HÜCK83], vgl. **Bild 4-5**. Die Grenzschwingspielzahl für die Zahnfußtragfähigkeit ist nach ISO 6336-3:2019-11 auf $N_G = 3 \cdot 10^6$ Lastwechsel (LW) festgelegt [ISO19]. Abbruchkriterien im Pulsatorversuch sind zum einen das Erreichen der Grenzschwingspielzahl und zum anderen der Zahnfußbruch oder der Anriss eines Zahns [KLOC24]. Beim Treppenstufenverfahren nach Hück ist der nachfolgende Versuch jeweils vom vorherigen Versuchsergebnis abhängig. Bei einem Zahnfußbruch vor Erreichen der Grenzschwingspielzahl N_G wird die Belastung bzw. die Beanspruchung im Folgeversuch um einen Stufensprung ΔF_A bzw. $\Delta \sigma_F$ gesenkt und bei einem Durchläufer entsprechend um einen Stufensprung erhöht [DIXO48]. Dies wird für die geplante Anzahl an Versuchen durchgeführt, bis ein treppenähnlicher Verlauf vorliegt. Beim Einlauf von oben in die Treppenstufe, muss der Bruch auf dem höchsten Lastniveau durch mindestens einen weiteren Bruch bestätigt werden [HÜCK83]. Dies gilt gleichermaßen für den Durchläufer beim Einlauf von unten in die Treppenstufe [KLOC24]. Für die Validität der Auswertung des Treppenstufenverfahrens sind mindestens drei Laststufen i erforderlich, was bei der Definition des über die Versuchsreihe konstanten Stufensprungs ΔF_A zu beachten ist [HÜCK83, KLOC24]. Ein zu groß gewählter Stufensprung führt zum Erhalt von nur zwei Laststufen in der Versuchsreihe.

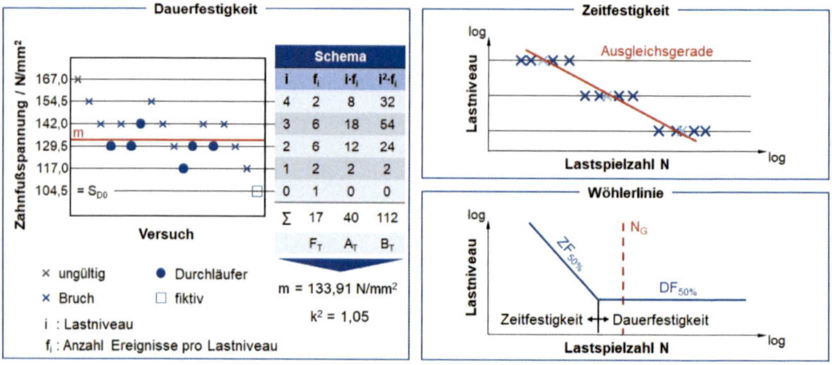

Bild 4-5: Experimentelle Untersuchung der Zahnfußtragfähigkeit [KLOC24]
Experimental Investigation of Tooth Bending Strength [KLOC24]

Zur Auswertung nach HÜCK werden ausgehend vom untersten Lastniveau S_{D0} die Laststufen i aufsteigend nummeriert, beginnend bei i = 0 für die unterste Laststufe. Die Anzahl an Ergebnissen pro Laststufe f_i wird ebenfalls ermittelt [HÜCK83]. Aus den beiden Größen ergeben sich die Kenngrößen F_T, A_T und B_T zur Bestimmung des Mittelwerts m und der Hilfsvarianz k [HÜCK83]. Der Mittelwert m entspricht dem Dauerfestigkeitskennwert des Zahnrades für eine Ausfallwahrscheinlichkeit von P_a = 50 % und wird nach **Gleichung (4-1)** berechnet [HÜCK83, KLOC24]. Die Hilfvarianz k wird gemäß **Gleichung (4-2)** berechnet [HÜCK83]. Zum Erhalt einer validen Abschätzung für den Mittelwert m der dauerfesten Zahnfußspannung werden nach HÜCK bei der Auswertung mindestens 13 Versuchspunkte berücksichtigt [HÜCK83].

$$m=S_{D0}+\Delta F_A \frac{A_T}{F_T} \tag{4-1}$$

$$k=\frac{F_T\, B_T-A_T^2}{F_T^2} \tag{4-2}$$

m	[kN]	Mittelwert	S_{D0}	[kN]	Unterstes Lastniveau
ΔF_A	[kN]	Stufensprung	A_T	[-]	Auswertevariable Treppenstufenverfahren
F_T	[-]	Auswertevariable Treppenstufenverfahren	k	[-]	Hilfsvarianz
B_T	[-]	Auswertevariable Treppenstufenverfahren			

Zur Ermittlung der Zeitfestigkeit ($N_G < 3 \cdot 10^6$ LW) wird gemäß dem Horizontenverfahren auf mindestens zwei verschiedenen Lastniveaus $F_{A,1}$ und $F_{A,2}$ eine definierte Anzahl von Versuchen durchgeführt [ROSS64, ZENN98, MART11b, MART11a], vgl. Bild 4-5 rechts oben. Die Differenz zwischen den beiden Lastniveaus, auch Spreizung genannt, sollte möglichst groß sein, um eine bestmögliche Abschätzung der Zeitfestigkeitsgeraden hinsichtlich deren Steigung und Lage vornehmen zu können. Zudem sind die Lastniveaus nicht im Übergangsbereich zur Kurzzeitfestigkeit und Dauerfestigkeit zu wählen [MART11b]. Die Mindestanzahl an Versuchen auf einem Lastniveau sollte bei fünf liegen [ZENN98]. Die zugehörigen Lastspielzahlen N eines jeden Versuches werden auf dem jeweiligen Lastniveau aufsteigend sortiert. Jedem Lastspielzahlwert wird anhand der empirischen Verteilungsfunktion nach ROSSOW die entsprechende Ausfallwahrscheinlichkeit zugeordnet [ROSS64, HAIB06]. Nach der Übertragung der Wertepaare von Ausfallwahrscheinlichkeit P_a (Y-Achse) und Lastwechselspielzahl N (X-Achse) in ein Wahrscheinlichkeitsnetz der logarithmischen Normalverteilung kann die Ausgleichsgerade für die Zeitfestigkeit im Wöhlerdiagramm abgeleitet werden, vgl. Bild 4-5 rechts oben [KLOC24]. Der Schnittpunkt der Zeit- und der Dauerfestigkeitsgeraden im doppeltlogarithmischen Wöhlerdiagramm wird mittels **Gleichung (4-3)** berechnet. Der Mittelwert der Dauerfestigkeit m aus der Gleichung (4-1) wird im Folgenden als $F_{A,mittel}$ bezeichnet.

$$N_{x\%,SP} = e^{\ln(N_{x\%,2}) - \frac{\ln\left(\frac{2F_{A,2}}{2F_{A,mittel}}\right)}{\ln\left(\frac{2F_{A,1}}{2F_{A,2}}\right)} \ln\left(\frac{N_{x\%,1}}{N_{x\%,2}}\right)} \qquad \textbf{(4-3)}$$

$N_{x\%,SP}$	[-]	Lastspielzahl Schnittpunkt Zeit-/ Dauerfestigkeit für Ausfallwkt. x%	$N_{x\%,2}$	[-]	Lastspielzahl Lastniveau 2 für Ausfallwkt. x%
$2F_{A,2}$	[kN]	Lastniveau 2	$2F_{A,mittel}$	[kN]	Lastniveau der Doppelamplitude für Dauerfestigkeit nach HÜCK
$2F_{A,1}$	[kN]	Lastniveau 1	$N_{x\%,1}$	[-]	Lastspielzahl Lastniveau 1 für Ausfallwkt. x%

4.4.3 Berechnung der Zahnfußnennspannung nach ISO 6336-3:2019

Calculation of the Nominal Tooth Root Stress acc. to ISO 6336-3:2019

Zur Vergleichbarkeit der Zahnfußtragfähigkeit verschiedener Zahnradvarianten in dieser Arbeit wird im dauerfesten Lastbereich die örtliche Zahnfußnennspannung σ_{F0} nach ISO 6336-3:2019-11 errechnet [BRET11, SCHU16, ISO19]. Die Berechnungsmethode zur Nennspannung berücksichtigt durch verschiedenste Korrekturfaktoren die Einflüsse der Zahnradgeometrie, wie beispielsweise die tatsächliche Zahnfußrundungsgeometrie des additiv gefertigten Zahnrades, vgl. **Gleichung (4-4)** [BRET11, SCHU16, ISO19]. Idealerweise ist die Zahnfußgeometrie aller Varianten deckungsgleich, jedoch sind resultierend aus Prozessparameteranpassungen beim Binder Jetting geringe Abweichungen möglich. Daher ist eine sinnvolle qualitative Einordnung aller Varianten zueinander nicht durch die jeweilige Kraft der Doppelamplitude $2 \cdot F_A$, welche die Schwingbreite angibt (vgl. Bild 4-5 unten), möglich.

$$\sigma_{F0} = \frac{F_t \cos \alpha_{n,2}}{b_2 \, m_{n,2}} Y_F \, Y_S \tag{4-4}$$

σ_{F0}	[N/mm²]	Zahnfußnennspannung	F_t	[N]	Nenntangentialkraft/ Umfangskraft
$\alpha_{n,2}$	[°]	Eingriffswinkel	b_2	[mm]	Zahnbreite
$m_{n,2}$	[mm]	Normalmodul	Y_F	[-]	Formfaktor
Y_S	[-]	Spannungskorrekturfaktor			

Die Zahnfußnennspannungen müssen anhand der realen Zahnfußrundungsradien errechnet werden. Die Zahnfußnennspannung gemäß ISO 6336-3:2019-11 [BRET11, SCHU16, ISO19] dient im Rahmen dieser Arbeit der qualitativen Vergleichbarkeit der einzelnen Binder Jetting Zahnradvarianten untereinander.

5 Voruntersuchung zur Zahnfußtragfähigkeit von Binder Jetting Zahnrädern

Preliminary Investigation of the Tooth Bending Strength of Binder Jetting Gears

Das folgende Kapitel umfasst die durchgeführten Voruntersuchungen zur Zahnfußtragfähigkeit von Zahnrädern aus den nichtrostenden Edelstählen 316L (X2CrNiMo17-12-2) und 17-4PH (X5CrN-CuNb16-4). Diese Voruntersuchungen bilden die Grundlage für die in Kapitel 6 beginnenden systematischen Untersuchungen der Pulver-Binder-Interaktion. Die initialen Untersuchungen respektive Stichversuche mit dem Werkstoff 316L sollten - in Anlehnung an die Prozesskette des uniaxialen Matrizenpressens mit einer nachverdichteten Randzone - erstmals die Eignung des Binder Jetting für die Zahnradfertigung durch reproduzierbare Ergebnisse verifizieren. Daher werden weder Druck- und Prozessparameter variiert noch werkstoffspezifische Untersuchungen des 316L im Rahmen dieser Arbeit durchgeführt. Der Werkstoff 17-4PH ist in bisherigen Untersuchungen (vgl. auch Kapitel 2.4) verglichen mit 316L weniger ausführlich betrachtet worden [LI20]. Da der Werkstoff 17-4PH deutlich höhere Festigkeitskennwerte und veränderte Werkstoffcharakteristika aufweist und somit eine höhere Zahnfußtragfähigkeit impliziert, werden in Stichversuchen ohne den Prozessschritt des Außenquerwalzens bei unveränderten Prozessparametern (verglichen mit der Zahnradfertigung aus 316L) Zahnräder gefertigt und hinsichtlich Zahnfußtragfähigkeit untersucht. Vor der erstmaligen Durchführung von Zahnfußtragfähigkeitsuntersuchungen aus Zahnrädern des Werkstoffes 17-4PH erfolgt für das bessere Verständnis des Druckprozesses in dieser Arbeit (Kapitel 6) die Ermittlung von Pulverkennwerten des Werkstoffes sowie mechanischer Kennwerte.

5.1 Zahnräder aus dem Edelstahl 316L (X2CrNiMo17-12-2)

Gears made of Stainless Steel 316L (X2CrNiMo17-12-2)

Erstmalige Untersuchungen bzw. Stichversuche zur Fertigung von Zahnrädern mittels Binder Jetting sowie der Analyse der Zahnfußtragfähigkeit werden mit der für das Binder Jetting etablierten austenitischen Stahllegierung mit geringem Kohlenstoffgehalt 316L (Edelstahl X2CrNiMo17-12-2) durchgeführt. Dieser metallische Werkstoff ist für das Binder Jetting Verfahren zertifiziert und etabliert [ANDE18, LI20, MOST21]. Die Variation und Analyse der Fertigungsparameter sind nicht Teil dieser Voruntersuchungen, da für den Werkstoff übliche Referenzparameter verwendet werden. Die Zahnräder werden nach dem Druckprozess hinsichtlich einer relativen Kerndichte von $\rho_{rel} \approx 92$ % (durch einen externen Dienstleister) gesintert und analog dem Matrizenpressen in der Großserienfertigung zur Verdichtung der hochbelasteten Randzone mittels Außenquerwalzen nachverdichtet. Dafür wird die Walzmaschine PROFIROLL PR 15HP verwendet. Die Zahnräder sind mit einem Aufmaß zum Dichtwalzen versehen und besitzen somit kein evolventisches Profil. Der Werkstoff 316L weist gute duktile Eigenschaften auf und ist somit problemlos kaltumformbar [SAND18]. Durch die Verdichtung der Randzone im Dichtwalzprozess entsteht eine Graduierung der Bauteildichte hin zum Kern. Die lokale Walzkraft während des Verdichtens wird aufgezeichnet und mit der eines matrizengepressten Zahnrades verglichen. Da eine Wärmebehandlung des Werkstoffes 316L aufgrund des Fokus auf den Druckprozess im Rahmen dieser Arbeit nicht durchgeführt wird, werden die Zahnräder nach dem Dichtwalzen geschliffen, charakterisiert und anschließend sowohl hinsichtlich der Dauerfestigkeit als auch der Zeitfestigkeit im Zahnfuß auf dem Pulsator untersucht. Eine vollständige Wöhlerlinie wird abgeleitet.

5.1.1 Dichtwalzen der Zahnräder

Densification Rolling of the Gears

Der zu verdichtende vorverzahnte Walzrohling wird achsparallel zwischen zwei Walzwerkzeugen eingespannt. Die Werkzeuggeometrie wird durch die angestrebte Werkstückgeometrie bestimmt, wobei Gerad- und Schrägverzahnungen walzbar sind [KAUF12]. Aufgrund der kontinuierlichen Abwälzkinematik des Verfahrens ist die Werkzeuggeometrie lediglich hinsichtlich Profilverschiebungsfaktor und Zähnezahl variierbar [FREC15]. Durch den Kontakt zwischen Werkzeug- und Werkstückflanken sowie die simultane Verringerung des Achsabstandes zwischen Werkzeug und Werkstück wird die Zustellung realisiert [GRÄS15, KLOC24]. Die Walzwerkzeuge treffen gleichzeitig auf den Walzrohling und versetzen diesen zunächst durch Reibschluss und anschließend durch Formschluss in Rotation. Der Werkstoff fließt in die Freiräume des Walzwerkzeugs und das auf der Werkstückflanke vorgesehene Aufmaß führt zu einer oberflächennahen Verdichtung sowohl von der Zahnflanke als auch dem Zahnfuß. Neben der Zustellung a wird ebenfalls die Anzahl der Überrollungen im Dichtwalzprozess definiert. Aufgrund der aufwendigen und teuren Werkstück-, Werkzeug- und Prozessauslegung ist das Dichtwalzen von Zahnrädern hauptsächlich in der Serienfertigung wirtschaftlich nutzbar.

Der Dichtwalzprozess für die matrizengepressten Referenzverzahnungen wurde von FRECH ausgelegt und dient als Basis für das Dichtwalzen der Binder Jetting Zahnräder [FREC19]. Ergebnisse zum Dichtwalzen von BJT Zahnrädern sind bis dato nicht Stand der Technik. Für den Dichtwalzprozess wurde im Vergleich zu dem von FRECH ausgelegten Prozess lediglich die maximale Zustellung a_{max} angepasst. Die Anpassung erfolgte iterativ auf Basis von Konturmessungen des Zahnlückenprofils und wich lediglich um Δa_{max} = 75 µm von der Referenzauslegung ab. Die Konturmessungen wurden auf einer Verzahnungsmessmaschine vom Typ P65 der Firma KLINGELNBERG durchgeführt. Für jedes Zahnrad wurde die gewalzte Lückengeometrie mittels Konturmessung taktil gemessen und mit der nach der Hartfeinbearbeitung geforderten Sollgeometrie abgeglichen. Die Übersicht des gemittelten Lückenprofils in Abhängigkeit von der maximalen Zustellung a_{max} im Dichtwalzprozess ist in **Bild 5-1** abgebildet. Für die grafische Auswertung wurde zunächst die anteilige Abweichung der Ist- von der Sollkontur sowohl in X- als auch in Y-Richtung bestimmt und anschließend um den Faktor 10 skaliert. Die maximale Zustellung a_{max} wurde ausgehend von a_{max} = 1,500 mm (Referenzauslegung [FREC19]) iterativ um Δ = 25 µm bei sonst konstanten Prozessbedingungen erhöht. Nach jedem Iterationsschritt erfolgte die Profilmessung der dichtgewalzten Zahnlücken. Bei einer maximalen Zustellung von a_{max} = 1,575 mm war ersichtlich, dass das Verdichtungsprofil ausreichend Schleifaufmaß beinhaltet. Die gleichmäßige Verteilung des Aufmaßes in der Lücke war bei den weiteren Zustellungsbeträgen nicht gegeben.

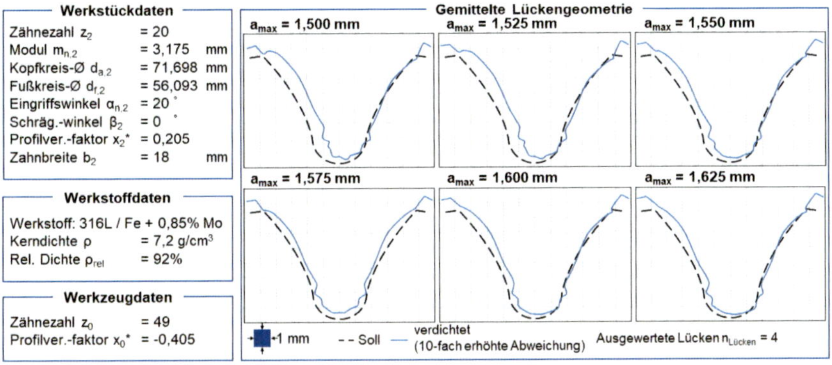

Bild 5-1: Iterative Bestimmung der maximalen Zustellung a_{max} des Dichtwalzprozesses
Iterative Determination of the maximum Infeed a_{max} of the Densification Process

Ausgehend vom Vergleich der Profil- und Flankenlinie mit der Sollgeometrie kann auf eine gute Geometriegenauigkeit und Reproduzierbarkeit des schichtweise generierenden Binder Jetting Prozesses geschlossen werden. Das maximale Aufmaß der BJT Zahnräder von $\Delta s_{Wälz}$ = 0,2 mm lag am Wälzkreis d_W vor. Das Gesamtaufmaß der BJT Zahnräder war nur unwesentlich größer als das des matrizengepressten Zahnrades.

Die Walzkraft wurde sowohl beim Dichtwalzen des gepressten und gesinterten Zahnradrohlings aus dem Werkstoff Fe + 0,85% Mo +0,25% C als auch der additiv gefertigten Rohlinge aus dem Werkstoff 316L mittels integrierter Kraftmessplattform der PROFIROLL PR 15HP aufgezeichnet. Die Prozesskinematik der durchgeführten Dichtwalzprozesse sowie der beim Verdichten der Zahnflanken gemessene Verlauf der Walzkraft F_W sind in **Bild 5-2** dargestellt. Der Verlauf der Zustellung a sowie der Verlauf der Drehzahl n_0 der Walzwerkzeuge über der Anzahl der Überrollungen $N_Ü$ sind im oberen Teil von Bild 5-2 aufgetragen. Die Walzwerkzeuge wurden während der ersten beiden Überrollungen $0 \leq N_Ü < 2$ konstant auf die Betriebsdrehzahl von $n_0 = 69\ min^{-1}$ beschleunigt sowie auf den Startachsabstand von x_{Start} = 109,6 mm verfahren. Anschließend wurde, ausgehend vom Startachsabstand x_{Start}, in den folgenden Überrollungen $2 \leq N_Ü < 10$ die Zustellung auf a_{max} = 1,575 mm erhöht. Zur hinreichenden Verdichtung der Zahnflanken wurde die Zustellung für den Bereich $10 \leq N_Ü \leq 26$ konstant auf dem maximalen Wert a_{max} gehalten. KAUFMANN wies nach, dass im Walzprozess auf der ein- und auslaufenden Werkstückflanke unterschiedliche Spannungsverhältnisse auftreten [KAUF12].

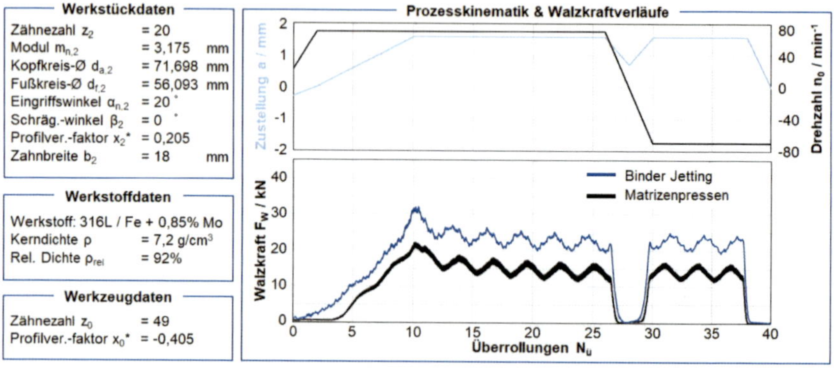

Bild 5-2: Experimentelle Bestimmung der Walzkraftverläufe für das Dichtwalzen von BJT- und matrizengepressten Zahnrädern auf der PROFIROLL PR 15HP

Experimental Determination of the Rolling Force Curves for the Densification Rolling of BJT and Die pressed Gears on the PROFIROLL PR 15HP

Daher wurde ab einer Überrollungsanzahl $N_ü$ = 26 die Drehrichtung der Werkzeuge reversiert, um eine gleichmäßige Verdichtung der ein- und auslaufenden Flanke des Zahnrades sicherzustellen [KAUF12]. Um eine Überlast der Werkzeuge im Reversierpunkt ($N_ü$ = 28) zu vermeiden, wurde die Zustellung im Umkehrpunkt reduziert. Für 30 ≤ $N_ü$ ≤ 38 wurde die Zustellung erneut auf den Maximalwert a_{max} = 1,575 mm bei reversierter Drehrichtung und gleichbleibendem Betrag der Betriebsdrehzahl n_0 = 69 min⁻¹ erhöht. Bei $N_Ü$ = 40 wurde der Startachsabstand x_{Start} erreicht und der Walzprozess abgeschlossen. Der Verlauf der Walzkraft F_W für die beschriebene Prozesskinematik ist im unteren Teil von Bild 5-2 über die Anzahl der Überrollungen $N_ü$ dargestellt. Insgesamt wurden neun BJT Zahnradrohlinge dichtgewalzt. Der Mittelwert der Walzkraftverläufe $F_{W,mittel}$ ist dargestellt. Die Walzkraft F_W der gepressten und gesinterten Referenz betrug im Mittel etwa 65 % der Walzkraft der Binder Jetting Zahnräder. Dies kann in dem leicht unterschiedlichen Gesamtaufmaß der BJT Zahnräder, den unterschiedlichen Fertigungsprozessen sowie den verschiedenen Werkstoffen begründet sein. Die qualitativen Verläufe der Walzkraft der unterschiedlichen Zahnradrohlinge waren sehr ähnlich und von Schwingungen überlagert. Ursächlich dafür waren zum einen die Exzentrizität der Werkzeuge und zum anderen der variierende Eingriff zwischen Werkzeug und Werkstück. Daraus resultierten lokal variierende Kontaktbedingungen, welche zusätzlich eine periodische Anregung mit der Zahneingriffsfrequenz f_z bedingen. Die Walzkraft F_W stieg annähernd linear bis zu $N_ü$ = 10 und der Verdichtung der Zahnflanken auf den Maximalwert im zeitlichen Verlauf an. Aufgrund der erfolgten Verdichtung der Randzone wurde die anschließend durch den Walzprozess eingebrachte Umformenergie zum Spannungsaufbau in tieferen Bereichen des Werkstoffes genutzt [FREC19]. Daher wurde der Rohling auch nach Erreichen der maximalen Zustellung a_{max} = 1,575 mm weiter verformt. Während des Reversierens nahm die Walzkraft F_W ab, ehe diese wieder auf ein ähnliches Niveau wie vor dem Reversieren anstieg.

5.1.2 Bauteilcharakterisierung

Characterization of the Component

Da eine nachgelagerte Wärmebehandlung des Werkstoffes 316L aufgrund des Fokus auf den Druckprozess im Rahmen dieser Arbeit nicht durchgeführt wurde, wurden die Verzahnungen unmittelbar nach dem Dichtwalzen auf einer Verzahnungsschleifmaschine vom Typ KAPP KX 500 FLEX profilgeschliffen. Zur Charakterisierung und Dokumentation der fertigungsbedingten Bauteileigenschaften erfolgte im ersten Schritt die Analyse der geometrischen Eigenschaften, wozu die Verzahnungsqualität sowie die Oberflächengüte am fertigen Bauteil untersucht wurden. Auf der Verzahnungsmessmaschine vom Typ P65 der Firma KLINGELNBERG wurde die Verzahnungsqualität messtechnisch erfasst. In **Bild 5-3** sind die Ergebnisse der Verzahnungsmessung der Binder Jetting Zahnräder nach der Hartfeinbearbeitung exemplarisch für die Profilanalyse zusammengefasst.

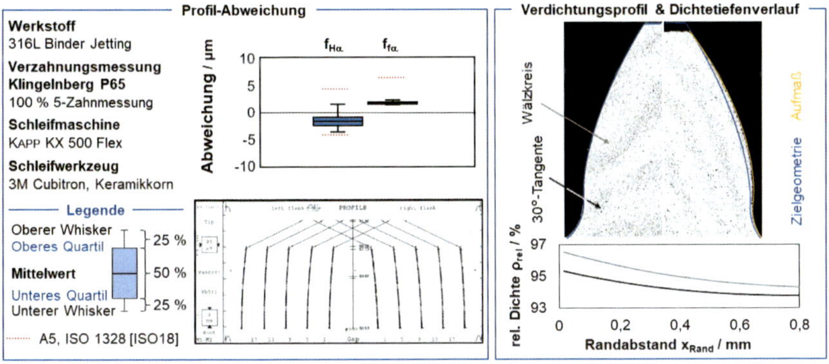

Bild 5-3: Ergebnisse der Verzahnungsmessung und der metallografischen Analysen nach der Hartfeinbearbeitung der Binder Jetting Zahnräder aus 316L

Gear Measurements and Metallographic Analysis after Hard Machining of the BJT Gears made of 316L

Die Messung wurde an allen vorliegenden BJT Zahnrädern durchgeführt, um eine möglichst gute statistische Absicherung der Auswertung zu erreichen. Zusätzlich zu den in Bild 5-3 aufgeführten Messparametern Profil-Winkelabweichung $f_{H\alpha}$ und Profil-Formabweichung $f_{f\alpha}$, wurden die Flankenlinien-Winkelabweichung $f_{H\beta}$, die Flankenlinien-Formabweichung $f_{f\beta}$, die Einzel- und Summenteilungsfehler $f_{p,max}$ und F_P sowie der Rundlauffehler F_R gemessen. Die Messwerte wurden mittels eines Boxplot-Diagramms ausgewertet. Die Box umfasst die mittleren 50 % der Messdaten. Für den Wert der Untergrenze (1. Quartil) der Box gilt, dass 25 % der Werte kleiner oder gleich dem Wert sind. Analog ist die Boxobergrenze (3. Quartil) der kleinste Wert der Datenreihe, für welchen gilt, dass maximal 25 % der Werte diesen Grenzmesswert übertreffen. In Profil- und Flankenlinienrichtung lagen sämtliche Werte innerhalb der Qualitätsklasse A5 nach DIN ISO 1328:2018-03 [ISO18]. Exemplarische Messschriebe eines

Profils sind in Bild 5-3 dargestellt. Sowohl die Teilungsabweichungen als auch der Rundlauf entsprachen ebenfalls der Qualitätsklasse A5. Mittels dem taktilen Rauheitsmessgerät der Firma JENOPTIK vom Typ HOMMEL ETAMIC NANOSCAN 855 wurde die Rauheit des jeweiligen Zahnprofils nach dem Schleifen messtechnisch erfasst. Die Auswertung der Rauheitskennwerte und Messschriebe erfolgte gemäß DIN EN ISO 21920-3:2022-12 in Profilrichtung [DIN22b]. Die Rauheit der unverdichteten, der dichtgewalzten und der geschliffenen Zahnflanken wurde gemessen. Insgesamt wurden pro Zahnrad acht Rauheitsmessungen durchgeführt. Von vier gleichmäßig über den Umfang verteilten Zähnen wurde eine Rauheitsmessung sowohl an der rechten als auch der linken Flanke des jeweiligen Zahns aufgenommen. Der Mittelwert aller Messungen der gemittelten Rautiefe Rz betrug beim Binder Jetting im unverdichteten Zustand Rz = 36,4 µm, der arithmetische Mittenrauwert Ra = 6,4 µm. Beim gepressten und gesinterten Bauteil lagen diese Kenngrößen bei Rz = 4,5 µm und Ra = 0,84 µm. Die Unterschiede beider Zahnradvarianten resultieren aus den generierenden Prozessschritten. Durch den Dichtwalzprozess wurden die Rauheitskenngrößen beider Zahnradarten erheblich verbessert - Rz = 2,6 µm und Ra = 0,3 µm beim BJT, sowie Rz = 1,9 µm und Ra = 0,2 µm beim Matrizenpressen. Bei den nicht wärmebehandelten BJT Zahnrädern wurde die Rauheit durch die Hartfeinbearbeitung geringfügig gesenkt, beim matrizengepressten Zahnrad nahm diese bei Rz = 2,2 µm und Ra = 0,3 µm sogar leicht zu. Die Zahnfußrauheiten sämtlicher untersuchter Zahnräder liegen ebenfalls in dieser Größenordnung.

Zur metallografischen Analyse des Binder Jetting Zahnrades wurden Gefügeschliffe angefertigt, vgl. Bild 5-3 rechts. Sowohl das verdichtete Zahnrad als auch der unverdichtete Walzrohling wurden parallel zur Stirnfläche aufgetrennt und untersucht. Die Analyse der Schliffbilder zeigte Einschlüsse (Poren) und nahezu gleichmäßige, gerade Korngrenzen. Der Dichtetiefenverlauf wurde auf Höhe des Wälzkreisdurchmessers d_w sowie am Durchmesser der 30°-Tangente mittels digitaler Bildverarbeitung analysiert. Das Zahnrad wies im unverdichteten Bereich eine Porosität von 8 % ≤ ε_P ≤ 10 % auf. Mittels des Dichtwalzprozesses wurde, wie im vorherigen Absatz beschrieben, die Zielgeometrie mit hoher Genauigkeit erreicht. Vorhandene Poren entlang der Flankenoberfläche wurden geschlossen. Aus der Darstellung des Verlaufes der relativen Dichte ρ_{rel} über dem Randabstand x_{Rand} ist erkennbar, dass in Oberflächennähe keine nahezu volldichte Randzone entstand. Relative Dichten in der direkten Randzone sowohl im Bereich des Wälzkreisdurchmessers d_w als auch im Bereich der 30°-Tangente zwischen ρ_{rel} = 95,5 % bis 97 % wurden erzielt. Die Verdichtung nimmt konstant bis zu einem Randabstand x_{Rand} = 1 mm in Richtung des Bauteilkerns ab. Härtemessung nach VICKERS gemäß DIN EN ISO 6507-1:2018-07 [DIN18a] wurde an sechs Punkten auf der Flanke eines verdichteten, nicht hartfein-bearbeiteten Zahnrades ausgewertet - minimaler Wert waren 301 HV, maximaler Wert 333 HV, sowie im Mittel 314,5 HV. Die Prüfkraft betrug 980 mN und wurde gemäß Methode HV0,1 ausgewertet.

5.1.3 Untersuchung der Zahnfußtragfähigkeit

Investigation of the Tooth Bending Strength

Im Anschluss an die Fertigung wurden sowohl die Dauerfestigkeit als auch die Zeitfestigkeit der Binder Jetting Zahnräder im Zahnfuß untersucht und eine Wöhlerlinie abgeleitet. Hinsichtlich der Dauerfestigkeit wurde die ertragbare Kraft-Doppelamplitude $2 \cdot F_A$, resp. die Zahnfußnennspannung $\sigma_{F0,Pulsator}$, der gefertigten Zahnräder aus 316L für eine Ausfallwahrscheinlichkeit von P_a = 50 % experimentell auf dem Pulsatorprüfstand ermittelt. Zur Beschreibung der Bauteilcharakteristik wurden 10 Versuche im zeitfesten Lastbereich mittels Horizontenverfahren [ZENN98] auf zwei Laststufen sowie 16 Versuche am Übergang zum dauerfesten Lastbereich im Treppenstufenverfahren [DIXO48] durchgeführt. Die Auswertung des Treppenstufenverfahrens erfolgte nach HÜCK [HÜCK83]. Die Treppenstufe des dauerfesten Bereiches der Binder Jetting Zahnräder ist in **Bild 5-4** dargestellt.

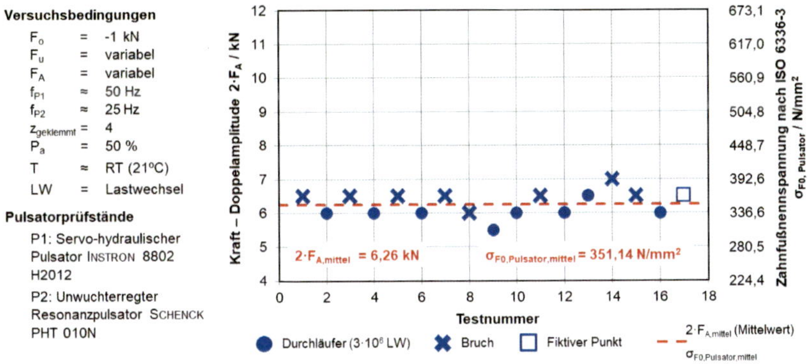

Bild 5-4: Treppenstufe für die BJT Zahnräder aus 316L nach HÜCK [HÜCK83]
Endurance Limit for BJT Gears made of 316L according to HÜCK [HÜCK83]

Der fiktive Punkt bildete den 17. Versuchspunkt. Der Laststufensprung pro Doppelamplitude betrug $\Delta 2 \cdot F_A$ = 0,5 kN. Das Verhältnis von Stufensprung und Standardabweichung wurde nach HÜCK abgeschätzt [HÜCK83]. Die Grenzschwingspielzahl für die Zahnfußtragfähigkeit ist nach ISO 6336-3:2019-11 auf $N_G = 3 \cdot 10^6$ Lastwechsel (LW) festgelegt [ISO19]. Auf der Y-Achse sind zum einen die Kraft der Doppelamplitude $2 \cdot F_A$, welche die Schwingbreite angibt, und zum anderen die nach ISO 6336-3:2019-11 [ISO19] errechnete Zahnfußnennspannung σ_{F0} aufgetragen. Die Zahnfußnennspannung beschreibt die örtliche Belastung im Zahnfuß. Die unterschiedlichen Prüffrequenzen f_{P1} = 50 Hz und f_{P2} = 25 Hz der Pulsatoren beeinflussen die Ergebnisse nicht signifikant, da sowohl f_{P1} als auch f_{P2} unterhalb von 200 Hz liegen [ISSL06]. Der Mittelwert der Doppelamplitude lag bei $2 \cdot F_{A,mittel}$ = 6,26 kN, sowie einer errechneten Zahnfußnennspannung $\sigma_{F0,Pulsator,mittel}$ = 351,14 N/mm² [ISO19]. Die geringen Schwankungen der Versuchspunkte in der Treppenstufe zeigten die Reproduzierbarkeit der mechanischen Eigenschaften der Binder Jetting Zahnräder. Im FVA-

Vorhaben FVA 788 I „Wärmebehandlung Sinterzahnrad“ wurde ebenfalls eine Wöhlerlinie für jene matrizengepresste Zahnräder - zusätzlich wärmebehandelt - experimentell ermittelt. Die ertragbare Doppelamplitude wurde mit $2 \cdot F_{A,mittel}$ = 11,23 kN aufgezeichnet [BERG20a].

Zur Ermittlung der Zeitfestigkeit ($N_G < 3 \cdot 10^6$ LW) wurden gemäß dem Horizontenverfahren [ROSS64, ZENN98, MART11b, MART11a] auf den zwei Lastniveaus $2 \cdot F_{A,1}$ = 12 kN, sowie $2 \cdot F_{A,2}$ = 9 kN jeweils fünf Versuche durchgeführt, vgl. **Bild 5-5**. Nach der Übertragung der Wertepaare von Ausfallwahrscheinlichkeit P_a (Y-Achse) und Lastwechselspielzahlen N (X-Achse) in ein Wahrscheinlichkeitsnetz der logarithmischen Normalverteilung wurde für jeden Lasthorizont bzw. Lastniveau separat eine Ausgleichsgerade gezeichnet [KLOC24].

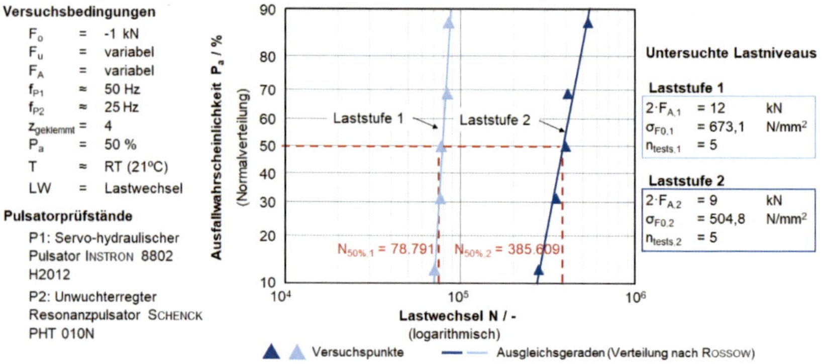

Bild 5-5: Zeitfestigkeit der BJT Zahnräder (316L) nach dem Horizontenverfahren
Fatigue Strength of the BJT Gears (316L) according to the Horizon Method

Für das Lastniveau der Doppelamplitude von $2 \cdot F_{A,1}$ = 12 kN ergibt sich für eine Ausfallwahrscheinlichkeit P_a = 50 % eine Lastwechselzahl von $N_{50\%,1}$ = 78.791 LW. Analog ist für ein Lastniveau $2 \cdot F_{A,2}$ = 9 kN eine Lastwechselzahl von $N_{50\%,2}$ = 385.609 LW errechnet worden. Aus dem zuvor bestimmten Mittelwert der Dauerfestigkeit nach HÜCK von $2 \cdot F_{A,mittel}$ = 6,26 kN sowie den ermittelten Stützpunkten der Zeitfestigkeitsgerade $N_{50\%,1}$ = 78.791 LW und $N_{50\%,2}$ = 385.609 LW der entsprechenden Lastniveaus, wurde die Wöhlerlinie im Zeit- und Dauerfestigkeitsbereich abgeleitet, vgl. **Bild 5-6**. Die im Bild 5-6 dargestellte Wöhlerlinie, welche einen Zusammenhang zwischen dem Lastniveau der Doppelamplitude (Y-Achse) sowie der ertragbaren Lastspielzahl N bis zum Eintreten des Ermüdungsschadens (X-Achse) im doppellogarithmischen Diagramm liefert, ist lediglich für die definierte Ausfallwahrscheinlichkeit P_a = 50 % gültig. Der Übergang vom zeitfesten in den dauerfesten Bereich liegt bei $2 \cdot F_A$ = 6,26 kN (σ_{F0} = 351,14 N/mm²) und N = 1.940.000 Lastwechseln. Der geringe Abstand von Knicklastspielzahl N in der Wöhlerlinie zu der gewählten Grenzlastspielzahl N_G ist möglicherweise auf die Porosität bzw. die Werkstoffeigenschaften des 316L zurückzuführen. Auf den mikroskopischen Aufnahmen der Bruchflächen waren keine Poren erkennbar. Grundsätzlich ist anzumerken, dass die Rissinitiierung ursächlich für das Versagen im Zahnfußbereich an der Oberfläche der 30°-Tangente ihren Ursprung hatte. Dies entsprach dem Stand der Technik. Sowohl innerhalb der Versuchspunkte eines Zahnrades als auch innerhalb der Binder Jetting Charge traten geringe Streuungen der Ergebnisse und erreichten Lastwechsel auf. Dies deutet zudem darauf hin, dass die Lebensdauer der Zahnräder nicht von den Defekten respektive Poren, sondern vom Gleitvermögen an der Oberfläche bestimmt wird. Detaillierte werkstofftechnische Analysen waren nicht Umfang der initialen Stichversuche zum Zahnraddruck aus dem nichtrostenden Edelstahl 316L.

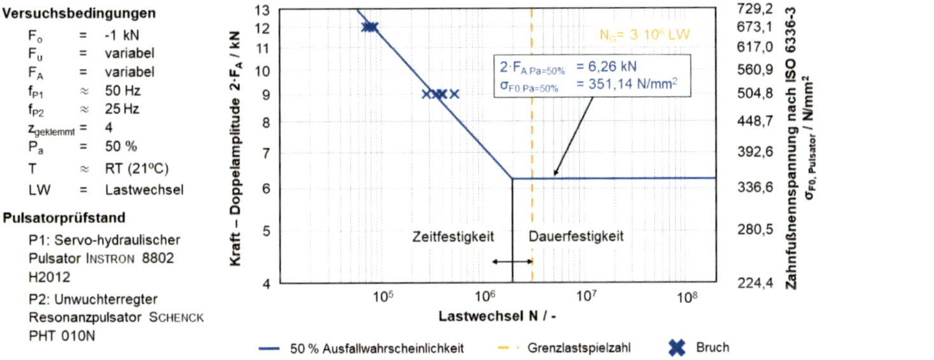

Bild 5-6: Wöhlerlinie der dichtgewalzten 316L Zahnräder
SN-Curve of the Densified 316L gears

Die Reproduzierbarkeit der Ergebnisse im Bereich der Zeit- und Dauerfestigkeit verifizieren die Eignung des Binder Jetting zur Zahnradfertigung. Für eine industrielle Anwendung ist die weitere Steigerung der Zahnfußtragfähigkeit unabdingbar. Somit werden vergleichbare Untersuchungen hinsichtlich der Zahnfußtragfähigkeit von Binder Jetting Zahnrädern mit einem für die Versuchsmaschine zertifizierten metallischen Werkstoff, der deutlich höhere Festigkeitskennwerte aufweist und somit eine höhere Zahnfußtragfähigkeit impliziert, durchgeführt.

5.2 Zahnräder aus dem Edelstahl 17-4PH (X5CrN-CuNb16-4)

Gears made of Stainless Steel 17-4PH (X5CrNiCuNb16-4)

Der Werkstoff 17-4PH (martensitisch rostfreier ausscheidungshärtbarer Stahl, X5CrNi-CuNb16-4) weist eine deutlich höhere Festigkeit und veränderte Werkstoffcharakteristika verglichen mit 316L auf und lässt somit eine Steigerung der Zahnfußtragfähigkeit der gefertigten Zahnräder erwarten [AKST07, DIGI20, DIN24]. Daher werden ebenso in Stichversuchen bei unveränderten Prozessparametern (verglichen mit der Zahnradfertigung aus 316L) Zahnräder ohne den Prozessschritt des Außenquerwalzens gefertigt und hinsichtlich Zahnfußtragfähigkeit untersucht. Vor der erstmaligen Durchführung von Zahnfußtragfähigkeitsuntersuchungen aus Zahnrädern des Werkstoffes

17-4PH erfolgt für das bessere Verständnis des Druckprozesses in dieser Arbeit (Kapitel 6) die Ermittlung von Pulverkennwerten des Werkstoffes sowie mechanischer Kennwerte. Im folgenden Kapitel wird zunächst die Eignung des Werkstoffs 17-4PH als Zahnradwerkstoff mittels Stichversuchen überprüft, um anschließend im Kapitel 6 die Druckprozessparameter zielgerichtet zu optimieren. Nach der initialen Ermittlung von Pulverkennwerten des verwendeten Edelstahlpulvers erfolgt in diesem Kapitel 5.2 die Ermittlung mechanischer Kennwerte des 17-4PH Pulvers in Kombination mit dem verwendeten Drucker DM P2500. Anschließend wird in Stichversuchen die Zahnfußtragfähigkeit von Binder Jetting Zahnrädern aus 17-4PH, respektive die Eignung dieses Werkstoffes für die Zahnradfertigung mittels Binder Jetting, erstmalig bestimmt. Mittels des additiven Fertigungsverfahrens LPBF wurden von CONCLI und BONAITI bereits Zahnräder aus 17-4PH gefertigt und in Screeningversuchen hinsichtlich der Zahnfußtragfähigkeit untersucht [BONA19, CONC21]. Aufgrund der unterschiedlichen Geometrie und des anderen Verfahrens sind die Ergebnisse der Zahnfußtragfähigkeit nicht mit denen dieser Arbeit vergleichbar.

5.2.1 Ermittlung von Pulverkennwerten

Determination of Powder Characteristics

Nach dem Mischen, Sieben und Trocknen des Werkstoffpulvers, beschrieben in Kapitel 4.3, erfolgte die initiale Ermittlung der Korngrößenverteilung mit dem Messgerät CAMSIZER X2, vgl. **Bild 5-7**. Die Analyse erfolgt bei jedem neuen Pulverbatch. Auf der X-Achse des dargestellten Diagramms ist die Korngröße D_S und auf der Y-Achse zum einen die kumulierte volumenbezogene Summenhäufigkeit $Q_3(x)$ und zum anderen die relative Häufigkeit $q_3(x)$ aufgetragen.

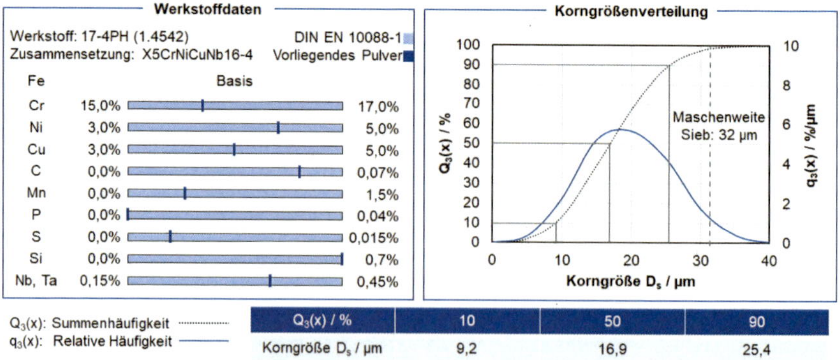

$Q_3(x)$ / %	10	50	90
Korngröße D_s / µm	9,2	16,9	25,4

Bild 5-7: Kumulierte volumenbezogene Korngrößenverteilung des verwendeten Werkstoffpulvers 17-4PH

Cumulated volume-related Particle Size Distribution of the Powder 17-4PH

Dabei sind 10 % aller Partikeldurchmesser $Q_3(10)$ kleiner gleich 9,2 µm, 50 % aller Partikeldurchmesser $Q_3(50)$ kleiner gleich 16,9 µm und 90 % aller Pulverpartikel Q3(90) kleiner gleich 25,4 µm. Die Maschenweite des Siebes ist ebenfalls eingetragen.

Somit konnte verifiziert werden, dass das für den Zahnraddruck verwendete Pulver sowohl frei von Grobanteilen als auch Anhaftungen war. Die elementaren Massenanteile des Pulverwerkstoffs 17-4PH wurden gemessen und mit den Toleranzen für Stahlerzeugnisse gemäß DIN EN 10088-1:2024-04 verglichen [DIN24]. Die Messwerte der nasschemischen Analyse des Pulvers sind auf der linken Seite von Bild 5-7 dargestellt. Alle Elemente liegen innerhalb der durch die DIN EN 10088-1:2024-04 vorgegebenen Toleranzen [DIN24].

5.2.2 Initiale Ermittlung mechanischer Kennwerte

Initial Determination of Mechanical Characteristics

Die Literaturwerte der mechanischen Eigenschaften Zugfestigkeit R_m, Streckgrenze $R_{p0,2}$ und Bruchdehnung A des Werkstoffes 17-4PH sind im Kapitel 2.2.1 aufgeführt. Grundsätzlich sind die mechanischen Eigenschaften beim Binder Jetting von der Art der verwendeten Maschine (Binder Jetting Anlage DM P2500 der Firma DIGITAL METAL AB) inkl. der Prozessparameter, der Pulverbeschaffenheit sowie dem Sinterprozess abhängig.

Zur Einordnung und Abschätzung wurden würfelförmige Prüfquader zur Bestimmung der relativen Dichten ρ_{rel}, sowie Zugproben aus dem Werkstoff 17-4PH mittels Binder Jetting zur Ableitung eines Spannungs-Dehnungs-Diagramms gefertigt und gesintert. Des Weiteren wurden Härtemessungen durchgeführt und das Gefüge metallografisch analysiert. Zur Fertigung der Prüfkörper wurde nach Rücksprache mit dem Maschinenhersteller bei minimalem Binderauftrag (Dark 1) und zweiseitigem Pulverauftrag (v_p = 50 mm/s) die Sinterung bei T_S = 1305 °C durch einen externen Dienstleister ausgeführt. Eine nachgelagerte Wärmebehandlung war nicht Teil dieser Arbeit. Die relativen Dichten ρ_{rel} der gefertigten Prüfkörper wurden mittels archimedischer Dichtemessung ermittelt. Zunächst wurde die Masse der Prüfquader mittels einer hydrostatischen Waage in der Umgebungsatmosphäre (Luft) bestimmt. Anschließend wurde die in den Poren befindliche Luft durch Infiltrierung mit Wasser evakuiert und die Prüfkörpermasse in Wasser bestimmt. Mit der Kenntnis des verdrängten Wasservolumens sowie dem resultierenden Auftrieb konnte das Prüfkörpervolumen ohne Poren ermittelt werden. Da die Werkstoffdichte bei ermittelter Prüfkörpermasse und ermitteltem -volumen ohne Poren nun bekannt ist, ist die relative Dichte ρ_{rel} des Prüfkörpers bestimmbar. Die mittlere relative Dichte der Prüfkörper betrug ρ_{rel} = 97,40 %. Die mechanischen Kennwerte wurden in Zugversuchen mit den gedruckten Zugproben im Labor ermittelt. Die mechanischen Eigenschaften Zugfestigkeit R_m, Streckgrenze $R_{p0,2}$ und Bruchdehnung A sowie das Spannungs-Dehnungs-Diagramm sind in **Bild 5-8** abgebildet. Bei einer relativen Dichte von ρ_{rel} = 97,40 % betrugen der Elastizitätsmodul E = 185,6 GPa, die Streckgrenze $R_{p0,2}$ = 742,0 MPa, die Zugfestigkeit R_m = 994,6 MPa und die Bruchdehnung A = 3,003 %. Die Festigkeitswerte liegen oberhalb der in Kapitel 2.2.1 genannten jeweiligen Literaturwerte der Streckgrenze $R_{p0,2}$ = 730 MPa und der Zugfestigkeit R_m = 950 MPa [AKST07, HÖGA20, DIGI22, DIN24]. Die Bruchdehnung A beträgt 75 % des aus der Literatur bekannten Wertes A = 4 % [AKST07, HÖGA20, DIGI22, DIN24].

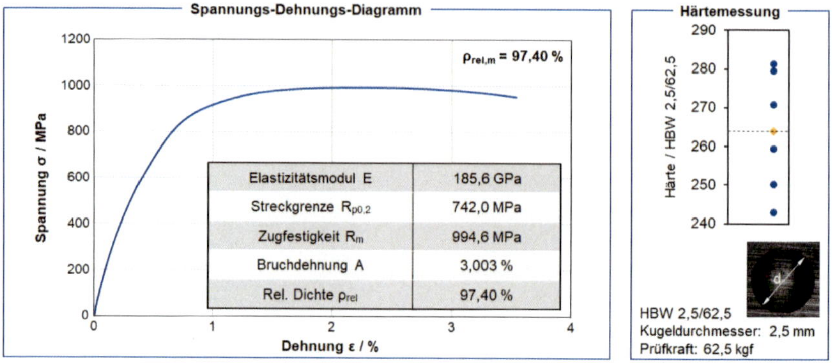

Bild 5-8: Mechanische Kennwerte sowie Ergebnisse der Härtemessung nach BRINELL
Mechanical Properties and Hardness Measurement acc. to BRINELL

Zur metallografischen Analyse der gesinterten Prüfkörper wurden sowohl orthogonal zur als auch in Aufbaurichtung beim Drucken Gefügeschliffe angefertigt und analysiert. Im Schliffbild orthogonal zur Aufbaurichtung sind Einschlüsse (Poren) und nahezu gleichmäßige, gerade Korngrenzen erkennbar. Der Gefügeschliff in Aufbaurichtung des Prüfkörpers zeigt eine gleichmäßige Verteilung der Porosität im Bauteil. Der schichtweise Aufbau bzw. anisotrope Bindefehler sind nicht ersichtlich. Härtemessungen nach BRINELL gemäß DIN EN ISO 6507-1:2018-07 [DIN18a] wurden an sechs Punkten auf der Probe ausgewertet. Die minimale Härte war 242 HBW, die maximale Härte 281 HBW und die mittlere Härte 263,98 HBW, vgl. Bild 5-8. Die Prüfkraft betrug 62,5 kgf bei einem Kugeldurchmesser von d = 2,5 mm.

5.2.3 Zahnradfertigung

Gear Manufacturing

Zur erstmaligen Fertigung von Zahnrädern aus dem Edelstahl 17-4PH mittels Binder Jetting wurden die Fertigungsparameter der Prüfkörperfertigung, vgl. Kapitel 5.2.2, zur initialen Ermittlung mechanischer Kennwerte des Werkstoffes 17-4PH übernommen. Die Variation, Optimierung oder Bewertung von Prozessparametern war nicht Umfang der initialen Voruntersuchung zur Binder Jetting Zahnradfertigung aus dem Werkstoff 17-4PH. Die Skalierungsfaktoren wurden verglichen mit den Faktoren der Zahnräder aus 316L, Kapitel 5.1, um etwa $\Delta SF_i \approx 1{,}5$ % erhöht, da bei den Bauteilen aufgrund einer höheren relativen Sinterdichte bei gleichbleibender Grünteildichte eine höhere Schwindung zu erwarten war. Aufgrund der begrenzten Kaltumformbarkeit des Werkstoffes 17-4PH [SAND18], wurden die Zahnräder für die initialen Voruntersuchungen ohne Dichtwalzaufmaß (vgl. Kapitel 4.2) gefertigt. Die Zahnräder, welche beim Binder Jetting aufgrund des hohen Volumens und der damit einhergehend hohen Bindermengen m_{Binder} schon als Kompakt- bzw. Massivbauteile bezeichnet werden können, wurden bei minimalem Binderauftrag (Dark 1) und zweiseitigem Pulverauftrag mit konstanter Pulverauftragsgeschwindigkeit v_p = 50 mm/s gefertigt. Dementsprechend war bei den nachfolgenden Prozessschritten Curing und Entbindern weniger Binder aus dem Bauteil auszudampfen, die Prozesszeiten wurden reduziert und das Risiko der Rissbildung minimiert. Nach dem Druck erfolgte das Aushärten des Binders (Curing). Dazu wurde die gesamte Buildbox nach dem Druck mit den Zahnrädern und dem nicht verwendeten, recycelbaren Pulver in den Curingofen verschoben. Beim Curing wurde die Buildbox in einem definierten Zeitraum t_R von Raumtemperatur auf die Curingtemperatur T_C = 200 °C erwärmt. Anschließend verblieben die Zahnräder für eine errechnete Haltezeit t_H auf der Curingtemperatur T_C im Ofen. Anzumerken ist, dass sich die Prozesszeiten im Curingofen aus der beim Druck verwendeten Bindermenge m_{Binder} sowie der Schichtanzahl # ergeben. Folglich sind die Zeiten für jeden Druckprozess unterschiedlich. Beim gleichzeitigen Druck von vier Zahnrädern in einer Buildbox aus dem Werkstoff 17-4PH betrug die Rampenzeit in etwa t_R = 10 Stunden und die Haltezeit auf T_C in etwa t_H = 8 Stunden. Die Entbinderung wurde in einem Muffelofen (T_D = 350 °C) und die Sinterung bei T_S = 1305 °C in einem Retortenofen vom Typ VHT40/16-MO H2 der Firma NABERTHERM durchgeführt. Der Sinterprozess ist in die drei Phasen Aufheizen, Halten und kontrolliertes Abkühlen aufgeteilt. In der Aufheizphase wurde über einen Zeitraum von t_R = 6,9 h die Ofenatmosphäre aus reinem Wasserstoff H_2, bei einem Volumenstrom $\dot{V}$ = 1000 l/h, von Raumtemperatur auf Sintertemperatur T_S aufgeheizt, wobei verschiedene Aufheizstufen durchlaufen wurden. Die Wasserstoffatmosphäre dient der Reduzierung von Oxiden auf der Pulveroberfläche. Die Sintertemperatur T_S ist abhängig von der Zieldichte der gesinterten Bauteile und wurde über einen Zeitraum von t_H = 2 h gehalten. Nach der Haltephase erfolgte unter Durchlauf verschiedener Temperaturgradienten ein kontrolliertes Abkühlen der Ofenatmosphäre über eine Dauer von t_R = 4,1 h. Das Zahnradgrünteil wurde unmittelbar auf einer Keramikplatte, der Auflagefläche im Ofen, entbindert und gesintert. Trotz der Verwendung von reibungsmindernden Stoffen basierend auf Zirkonium wirkte die Reibkraft zwischen Keramikplatte und Zahnrad der Sinterschwindung des Zahnrades entgegen. Daraus entstanden sowohl nach dem Entbindern als auch dem Sintern teilweise Spannungsrisse an den Stirnflächen und im Zahnfuß einiger Zahnräder. Risse führen zu einer Beeinträchtigung der mechanischen Eigenschaften des Bauteils. Daher konnten die Zahnräder für die folgenden Untersuchungen nicht verwendet werden. Zusätzlich könnten geringe ortsabhängige Temperaturschwankungen in einem Kammerofen auftreten, weshalb die Positionierung im Ofen die Zahnradqualität ebenfalls beeinflusst. Diese Temperaturschwankungen könnten Spannungen im Zahnrad induzieren, welche bereits beim Entbindern zu minimalen Rissen im Bauteil führen und durch den nachgelagerten Sinterprozess verstärkt werden können. Zudem wurde resultierend aus der Reibung vereinzelt die Bildung eines Elefantenfußes an der Zahnradunterseite detektiert. Unter der Elefantenfußbildung wird die Entstehung einer ungleichmäßigen Bauteilgeometrie verstanden, bei der der Zahnraddurchmesser an der Auflage größer ist als am oberen Ende des Zahnrades. Nach dem Sintern der Verzahnungen wurde in der geometrischen Analyse teilweise ein ungleichmäßiges Schleifaufmaß respektive Untermaß auf den Zahnflanken detektiert. Dennoch konnten einige Lücken der Zahnräder vollständig profilgeschliffen werden. Sämtliche Toleranzwerte lagen bei der Verzahnungsmessung der geschliffenen Lücken auf der Verzahnungsmessmaschine vom Typ P65 der Firma KLINGELNBERG in Profil- und Flankenlinienrichtung innerhalb der Qualitätsklasse A5 nach ISO 1328-1:2018-03 [ISO18]. Der Mittelwert aller Rz-Messungen betrug nach der Hartfeinbearbeitung Rz = 2,3 µm und der arithmetische Mittenrauwert Ra = 0,3 µm. Die mittlere relative Dichte der Zahnräder betrug analog zur relativen Dichte der Prüfkörper ρ_{rel} = 97,4 %, vgl. Kapitel 5.2.2.

5.2.4 Untersuchung der Zahnfußtragfähigkeit

Investigation of the Tooth Bending Strength

Zur Beschreibung der Zahnfußtragfähigkeit wurden 14 Versuche am Übergang zum dauerfesten Lastbereich im Treppenstufenverfahren [HÜCK83] durchgeführt. Die nach HÜCK ausgewertete Treppenstufe [HÜCK83] der Binder Jetting Zahnräder aus 17-4PH (ρ_{rel} = 97,4 %) ist in **Bild 5-9** dargestellt. Der fiktive Punkt bildete den 15. Versuchspunkt. Der Laststufensprung pro Doppelamplitude betrug $\Delta 2 \cdot F_A$ = 1 kN. Die Prüffrequenz des Pulsatorprüfstandes lag bei $f_{P4} \approx$ 143 Hz. Die mittlere Dauerfestigkeit ($N_G = 3 \cdot 10^6$ LW, P_a = 50 %) der ertragbaren Doppelamplitude lag bei $2 \cdot F_{A,mittel}$ = 10,60 kN, respektive einer ertragbaren Zahnfußnennspannung von $\sigma_{F0,Pulsator,mittel}$ = 688,26 N/mm².

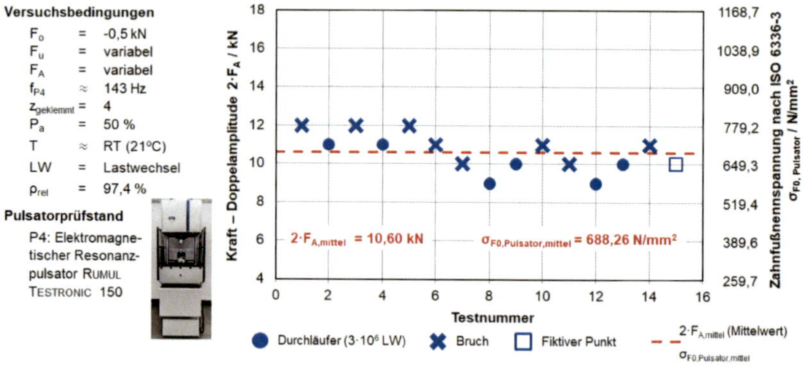

Bild 5-9: Treppenstufe für die BJT Zahnräder aus 17-4PH (ρ_{rel} = 97,4 %) nach HÜCK [HÜCK83]

Endurance Limit for BJT Gears made of 17-4PH (ρ_{rel} = 97.4 %) according to HÜCK [HÜCK83]

Innerhalb der BJT Charge traten geringfügige Streuungen der Ergebnisse (erreichten Lastwechsel) in Abhängigkeit von der Ofenposition beim Sintern auf. Mit den im hinteren Teil des Retortenofens platzierten Zahnrädern konnten Durchläufer auf höheren Lastniveaus erreicht werden. Auffällig war zudem, dass einige Zahnfußbrüche erst bei mehr als 2 Millionen Lastwechseln auftraten. Auf den mikroskopischen Aufnahmen der Bruchflächen konnten keine Poren detektiert werden. Der Abgleich mit der Zahnfußnennspannung dichtgewalzter Verzahnungen aus 316L, vgl. Kapitel 5.1, zeigte eine Erhöhung um nahezu $\Delta\sigma_{F0,mittel}$ = 95 %. Die detaillierte Prozess- und Fehleranalyse dieser initialen Zahnradfertigung bzw. Voruntersuchungen mit dem Werkstoff 17-4PH, sowie die notwendigen Schritte zur optimierten Prozessauslegung werden im folgenden Kapitel 6 beschrieben. Ausgehend von den Ergebnissen der Voruntersuchungen soll durch eine gezielte Anpassung der Druckparameter die Prozessstabilität und damit einhergehend die Zahnfußtragfähigkeit weiter gesteigert werden.

5.3 Fazit

Conclusion

Das Potenzial des additiven Fertigungsverfahrens Binder Jetting für die Zahnradfertigung wurde in diesem Kapitel aufgezeigt. Vor allem die Reproduzierbarkeit der Ergebnisse des Edelstahls 316L verifizierte die Eignung des Binder Jettings. Die Zahnräder wurden analog zum Matrizenpressen zur Verdichtung der hochbelasteten Randzone mittels Außenquerwalzen nachverdichtet. Sowohl die Dauerfestigkeit als auch die Zeitfestigkeit der Zahnräder im Zahnfuß wurden untersucht und eine Wöhlerlinie wurde abgeleitet. Hinsichtlich der Dauerfestigkeit wurde die ertragbare Kraft-Doppelamplitude $2 \cdot F_A$, resp. die Zahnfußnennspannung $\sigma_{F0,Pulsator}$ der gefertigten Zahnräder aus 316L für eine Ausfallwahrscheinlichkeit von P_a = 50 % experimentell auf dem Pulsatorprüfstand ermittelt. Der Mittelwert der Doppelamplitude lag bei $2 \cdot F_{A,mittel}$ = 6,26 kN, sowie einer gemäß ISO 6336-3:2019-11 errechneten Zahnfußnennspannung σ_{F0} = 351,14 N/mm² [ISO19]. Weitere Untersuchungen hinsichtlich der Zahnfußtragfähigkeit wurden mit dem zertifizierten metallischen Werkstoff 17-4PH (ohne den Prozessschritt des Außenquerwalzens), der deutlich höhere Festigkeitskennwerte aufweist und somit eine höhere Zahnfußtragfähigkeit impliziert, durchgeführt. Die Prozessparameter zur Zahnradfertigung (der Voruntersuchungen) aus 17-4PH sind in **Bild 5-10** zusammengefasst.

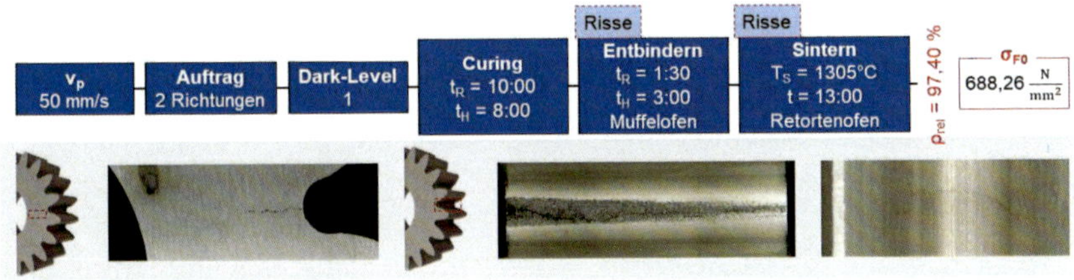

Bild 5-10: Erste Prozessparameter zur Fertigung von BJT Zahnrädern aus 17-4PH
Initial Process Parameters for the Manufacturing of BJT Gears made of 17-4PH

Einige Zahnräder aus 17-4PH wiesen Spannungsrisse nach dem Entbindern und Sintern auf. Somit konnte lediglich ein Screening zur Untersuchung der Zahnfußtragfähigkeit durchgeführt werden. Zudem wurde ein ungleichmäßiges Schleifaufmaß respektive Untermaß auf den Flanken detektiert. Die mittlere Dauerfestigkeit ($N_G = 3 \cdot 10^6$ LW, P_a = 50 %) der ertragbaren Doppelamplitude lag bei $2 \cdot F_{A,mittel}$ = 10,60 kN, respektive einer ertragbaren Zahnfußnennspannung von σ_{F0} = 688,26 N/mm². Der Abgleich mit der Zahnfußnennspannung dichtgewalzter Verzahnungen aus 316L zeigte eine Erhöhung um nahezu $\Delta\sigma_{F0,mittel}$ = 95 %.

Ausgehend von den Ergebnissen der Voruntersuchungen respektive der Stichversuche sollen durch eine gezielte Anpassung der Druckparameter die Prozessstabilität, die Reproduzierbarkeit und damit einhergehend die Zahnfußtragfähigkeit weiter gesteigert werden. Der Fertigungsprozess von Binder Jetting Zahnrädern aus dem Werkstoff 17-4PH ist anhand verschiedener Stellgrößen optimierbar. Der Einfluss unterschiedlicher Druckprozessvariationen entlang der Prozesskette auf die Zahnfußtragfähigkeit von Binder Jetting Zahnrädern ist zu untersuchen. Der Generierungsprozess des Zahnradgrünteils wird bei gleichbleibender Korngröße d_k und Schichtdicke D_s zum einen durch die Art des Pulver- und zum anderen des Binderauftrages beeinflusst. Die Kenntnis der aus dem Pulver- und Binderauftrag resultierenden Bauteileigenschaften gilt es zu entwickeln. Die Fertigung verschiedener konstruktiver Stützstrukturen als Sintersupport zur Vermeidung der Rissbildung sowie der Nutzen in der gesamten Prozesskette sind zu betrachten. Die Anpassung des Sinterprozesses durch einen externen Dienstleister sollte mit dem Ziel erfolgen, eine relative Zahnraddichte von $\rho_{rel} \approx 99$ % zu erreichen.

6 Auslegung des Druckprozesses beim Binder Jetting von Zahnrädern

Design of the Binder Jetting Printing Process of Gears

Ausgehend von den in Kapitel 5 abgeleiteten Prozessparametern sind zur prozesssicheren und reproduzierbaren Fertigung rissfreier Binder Jetting Zahnräder aus 17-4PH weitere Modifikationen im Druckprozess nötig. Im folgenden Kapitel werden zunächst Prozessparameter für den Pulver- und Binderauftrag abgeleitet und die daraus resultierenden Bauteileigenschaften erläutert. Anschließend werden konstruktive Stützstrukturen für die Zahnradfertigung mittels Binder Jetting entwickelt, die insbesondere für die nachfolgenden Prozessschritte der Wärmebehandlung relevant sind. Weitere Modifikationen erfolgen hinsichtlich der Bauteilskalierung - und damit einhergehend dem Curingprozess - sowie dem Entbinder- und Sinterprozess. Die wissenschaftliche Auslegung dieser Prozessschritte ist ebenso wie ein mögliches Lösungsglühen nicht Teil der Arbeit. Das Entbindern und das Sintern werden von einem externen Industriedienstleister durchgeführt. Konstruktive Anpassungen im Zahnraddruckprozess sind resultierend aus den Erkenntnissen der nachgelagerten thermischen Prozesse jedoch durchzuführen. Nach dem Sintern werden die Zahnräder plan- und bohrungsgeschliffen sowie profilgeschliffen. Die Charakterisierung und Dokumentation der fertigungsbedingten Bauteileigenschaften wie auch die Bewertung der Leistungsfähigkeit der Binder Jetting Zahnräder hinsichtlich der Zahnfußtragfähigkeit erfolgt in Kapitel 7.

6.1 Pulverauftrag

Powder Application

Die relevantesten Stellgrößen für den Pulverauftrag sind neben den Pulverkennwerten des nichtrostenden Edelstahls 17-4PH die Temperatur T_P des Pulvers beim Druck, die Schichtdicke D_s sowie die Auftragsrichtung und -geschwindigkeit v_p, vgl. Kapitel 2.2.4 [VAEZ11, DOYL15, MOST21]. Eine erhöhte Pulvertemperatur T_P beim Druck führt zu einer verbesserten Fließfähigkeit und somit einer Steigerung der Grünteildichte [ANDE18]. Das verwendete Pulver wird auf T_p = 70 °C geheizt, um ein gutes Pulverfließverhalten zu erreichen. Pulvermagazin und Buildbox halten diese Temperatur T_p ebenfalls konstant, vgl. Kapitel 4.1.

Nach der Charakterisierung der Korngrößenverteilung des verwendeten 17-4PH Pulvers (Kapitel 5.2.1), wird die Schichtdicke konstant bei D_s = 42 µm belassen. 90 % aller Pulverpartikel Q3(90) waren kleiner gleich $d_K \leq 25{,}4$ µm. Somit ist die Schichtdicke D_s hinreichend größer als der Korndurchmesser d_K des genutzten Pulvers. Wie im Stand der Technik gezeigt, beeinflusst eine Änderung der Schichtdicke D_s ebenfalls die relative Grünteildichte. Die relative Dichte sinkt bei steigender Schichtdicke. Der Einfluss der Schichtdicke auf die geometrische Gestalt bei den gefertigten Geradverzahnungen mit einer Zähnezahl z_2 = 20 bei einem Normalmodul von m_{n2} = 3,125 mm sowie einem Normaleingriffswinkel von α_{n2} = 20° ist in Folge der gewählten Bauteilausrichtung beim Druck vernachlässigbar. Beim Druck von Schrägverzahnungen jedoch ist das Auftreten eines Treppenstufeneffektes aufgrund von Überhängen sichtbar. In diesem Fall würde eine höhere Schichtdicke den Effekt verstärken und eine reduzierte Schichtdicke diesen Effekt verringern.

Bei der Art des Pulverauftrages werden zwei Strategien unterschieden - der Auftrag in lediglich einer Verfahrrichtung sowie der Auftrag in zwei Verfahrrichtungen (Hin- und Rückweg über der Buildbox). Beim Auftrag in zwei Verfahrrichtungen wird bei gleichbleibender Schichtdicke eine größere Menge Pulver ins Pulverbett eingebracht und die Grünteildichte steigt. Somit wird konstant zweiseitig Pulver aufgetragen.

Ursächlich für das bisherige Auftreten von Spannungsrissen nach dem Sintern bei einigen Zahnrädern könnten Schwankungen der relativen Grünteildichten in Abhängigkeit von der Positionierung im Pulverbett sein. Grundsätzlich wurde bei den bisherigen Zahnraddrucken jeweils in den vier Ecken der Buildbox ein Prüfquader der Abmaße 10 x 10 x 7 mm gefertigt. Da das Volumen der Prüfquader sowie die Dichte des Werkstoffes 17-4PH bekannt waren, konnte die relative Grünteildichte errechnet werden. Die Schwankung der mittleren Grünteildichten der bisher gefertigten Zahnräder lag basierend auf den vier Prüfquadern in einem Bereich von $\Delta\rho_{rel,m}$ = 2,2 %. Zudem wurden nur niedrige Werte der relativen Grünteildichte im unteren Grenzbereich des gewünschten Bereiches von ρ_{rel} = 50 % – 55 % erreicht. Zur Analyse der relativen Grünteildichte im gesamten Pulverbett und somit auch im Druckbereich der Zahnräder wurden im Folgenden 16 weitere in der Buildbox verteilte Prüfquader gefertigt, vgl. **Bild 6-1**. Der Druck wurde mit den in Kapitel 5.2 abgeleiteten Prozessparametern durchgeführt: Beidseitiger Pulverauftrag, Bindermenge Dark-Level 1, Schichtdicke D_s = 42 µm, Pulverauftragsgeschwindigkeit v_p = 50 mm/s und Druckgeschwindigkeit v_d = 200 mm/s.

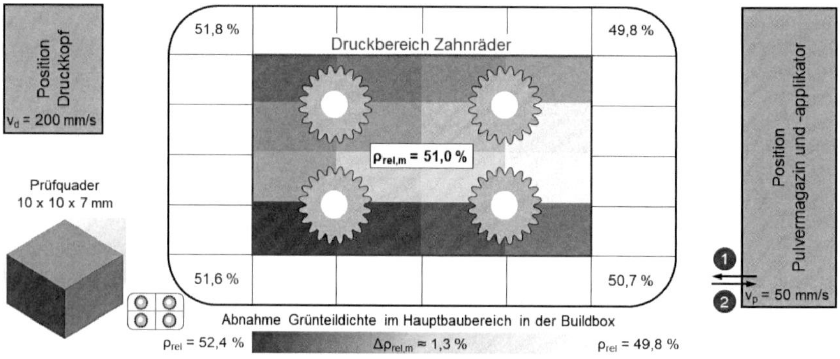

Bild 6-1: Relative Grünteildichte in der Buildbox
Relative Green Density in the Buildbox

Die mittlere relative Grünteildichte betrug im Bereich der Buildbox $\rho_{rel,m}$ = 51,0 %. Die minimale relative Grünteildichte lag bei $\rho_{rel,min}$ = 49,8 % und die maximale relative

Grünteildichte bei $\rho_{rel,max}$ = 52,4 % ($\Delta\rho_{rel,max}$ = 2,6 %). Auffällig war die Abnahme der Grünteildichte im Pulverbett von der Druckkopfseite zur Pulvermagazinseite. Die Schwankung der mittleren relativen Grünteildichte betrug näherungsweise $\Delta\rho_{rel,m} \approx$ 1,3 %. Neben dem beidseitigen Pulverauftrag ist die Verringerung der Pulverauftragsgeschwindigkeit v_p eine weitere Möglichkeit zur Steigerung und Stabilisierung der Grünteildichte. Eine höhere Grünteildichte impliziert eine geringere Schwindung beim Sintern. Daraus resultiert möglicherweise eine Reduzierung der induzierten Spannungen und eine Abnahme der Rissbildung. Die Auftragsgeschwindigkeit wurde daher bei konstant bleibender Schichtdicke D_s auf v_p = 40 mm/s reduziert. Auf diese Weise wurde eine größere Menge Pulver ins Pulverbett eingebracht und die Grünteildichte nahm zu. Nach Verringerung der Auftragsgeschwindigkeit v_p wurde eine mittlere Grünteildichte $\rho_{rel,m}$ = 53,4 % erreicht. Die ermittelte mittlere relative Grünteildichte wurde um $\Delta\rho_{rel,m}$ = 2,4 % gesteigert und für die folgenden Zahnraddrucke als hinreichend angenommen. Durch die Reduzierung der Auftragsgeschwindigkeit konnte die Streuung hinsichtlich der relativen Grünteildichte reduziert werden (vgl. $\Delta\rho_{rel,m}$ bei v_p = 50 mm/s und v_p = 40 mm/s). Aus der Reduzierung der Pulverauftragsgeschwindigkeit v_p resultierte eine abnehmende Produktivität des Binder Jetting Prozesses.

6.2 Binderauftrag

Binder Application

Beim Binderauftrag ist neben der Auftragsgeschwindigkeit v_d die Auftragsstrategie, welche in Kapitel 4.1 detailliert beschrieben wurde, sowie die eingebrachte Bindermenge m_{Binder} von hoher Relevanz. Die Einflüsse der variablen Bindermenge auf die Grünteilqualität werden ebenfalls diskutiert. Die Binder Jetting Fertigungsparameter zum Binderauftrag werden mittels Schlitzversuchen ermittelt und anhand von sogenannten Linienversuchen validiert. Beim Druck wird eine sogenannte Offset-Strategie anwendet. Angewendet wurde die Offset-Strategie MultiOffsetFull, bei welcher ein periodisch wiederholter Versatz bei acht aufeinanderfolgenden Pulverschichten ausgeführt wird, vgl. Kapitel 4.1.5. Grundsätzlich ist vor jedem Druck der Druckkopf zu kalibrieren, um anlagenbedingte Fehleinflüsse zu minimieren.

6.2.1 Binderauftragsgeschwindigkeit

Binder Application Speed

Zur Validierung einer Binderauftragsgeschwindigkeit v_d für den Zahnraddruck wurden in Anlehnung an die Untersuchungen von MIYANAJI Schlitzversuche durchgeführt [MIYA18]. Für den Schlitzversuch wurden Quader mit eingeprägten Schlitzen variabler Breiten von b = 100 µm, b = 200 µm, b = 500 µm, b = 800 µm und b = 1000 µm gedruckt. Die Schlitze besaßen eine Tiefe von t = 1 mm und eine Länge von l = 30 mm. Jeder Quader verfügte über zwei Sätze an Schlitzen, welche orthogonal zueinander angeordnet waren. Aufgrund der angewandten Vierwegestrategie beim Binderauftrag wurde ein Satz Schlitze in Verfahrrichtung des Druckkopfes gedruckt, während der zweite Satz orthogonal zur Verfahrrichtung des Druckkopfes gedruckt wurde. Während eines Druckes mit der zu untersuchenden Binderauftragsgeschwindigkeit v_d wurden in der Buildbox sechs Quader mit den eingeprägten Schlitzen gedruckt. Nach dem Druck erfolgte das Curing. Die Quader wurden nicht - wie sonst bei Binder Jetting Bauteilen aufgrund der Sinterschwindung üblich - mit Skalierungsfaktoren beaufschlagt, da die Geometrie der Schlitze nach dem Entpulvern und somit im Grünteilzustand analysiert wurden. Nach dem Entpulvern wurden die Schlitze mittels eines Digitalmikroskops vom Type KEYENCE VHX-5000 charakterisiert. Anschließend wurde auf Basis der Messergebnisse die prozentuale Genauigkeit in Bezug auf die Sollgeometrie bestimmt. Diese wird im Folgenden als prozentuale Konturgenauigkeit bezeichnet. Bei konstanter Bindermenge (Dark 1) und beidseitigem Pulverauftrag mit der Pulverauftragsgeschwindigkeit v_p = 40 mm/s (ermittelt im vorherigen Kapitel 6.1), erfolgte die Variation der Binderauftragsgeschwindigkeiten mit v_d = 400 mm/s, v_d = 300 mm/s, v_d = 200 mm/s und v_d = 100 mm/s.

Die Bewertung der prozentualen Konturgenauigkeit erfolgte mittels eines Netzdiagramms, vgl. **Bild 6-2**. Die Schlitze der Breiten b = 100 µm und b = 1000 µm wurden in den rechnerischen Auswertungen nicht berücksichtigt, da sie lediglich als Referenz zur Beurteilung der im Prozess auftretenden Effekte, wie dem Bleeding, dienten. In den Ecken des Netzdiagramms sind die entsprechenden Breiten b der Schlitze aufgetragen. Innerhalb des Netzdiagramms ist die prozentuale Konturgenauigkeit der Schlitze beginnend bei 20 % in der Mitte nach außen hin zu 100 % aufsteigend dargestellt. Die Konturgenauigkeiten der Schlitze bei den jeweiligen Binderauftragsgeschwindigkeiten v_d sind farblich unterschiedlich und sowohl in als auch orthogonal zur Verfahrrichtung des Druckkopfes im Diagramm eingezeichnet.

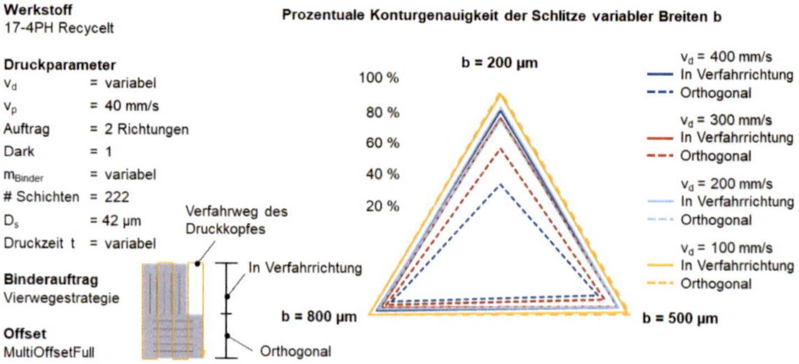

Bild 6-2: Konturgenauigkeit bei variablen Binderauftragsgeschwindigkeiten
Contour Accuracy at variable Binder Application Velocities

Mit steigender Binderauftragsgeschwindigkeit v_d nahm die Diskrepanz der Konturgenauigkeiten zwischen beiden Verfahrrichtungen zu. Bei einer Binderauftragsgeschwindigkeit von v_d = 100 mm/s war eine marginale Richtungsabhängigkeit der Konturgenauigkeit sämtlicher Schlitzbreiten b festzustellen, vgl. Bild 6-2 gelb. Bereits mit

Erhöhung der Druckgeschwindigkeit auf v_d = 200 mm/s nahm die Richtungsabhängigkeit der Konturgenauigkeit zu, sodass in Verfahrrichtung des Druckkopfes höhere Konturgenauigkeiten vorlagen als orthogonal zur Verfahrrichtung des Druckkopfes. Dies war lediglich bei dem b = 200 µm Schlitz zu detektieren, vgl. Bild 6-2 hellblau. Die Differenz der Konturgenauigkeiten in Abhängigkeit von der Verfahrrichtung des Druckkopfes des b = 200 µm Schlitzes bei v_d = 200 mm/s betrug Δ = 7,7 %. Ein Einfluss auf die Konturgenauigkeit bei den Schlitzbreiten b = 500 µm und b = 800 µm wurden bei v_d = 200 mm/s nicht detektiert. Bei Erhöhung der Druckgeschwindigkeit auf v_d = 300 mm/s war eine weitere Zunahme der Richtungsabhängigkeit der Konturgenauigkeit zu detektieren, vgl. Bild 6-2 rot. Neben der Erhöhung der Differenz der Konturgenauigkeiten des b = 200 µm Schlitzes auf Δ = 19,3 % war nun eine Differenz der Konturgenauigkeiten des b = 500 µm Schlitzes von Δ = 9 % festzustellen. Lediglich der b = 800 µm Schlitz wies mit einer Differenz der Konturgenauigkeiten von Δ = 3,8 % einen geringen Wert auf. Durch weitere Erhöhung der Binderauftragsgeschwindigkeit auf v_d = 400 mm/s wurde eine deutliche Richtungsabhängigkeit der Konturgenauigkeit aller Schlitze detektiert, vgl. Bild 6-2 dunkelblau. Die Differenz der Konturgenauigkeiten des b = 200 µm Schlitzes stieg auf Δ = 46,1 %, die des b = 500 µm Schlitzes auf Δ = 14,7 % und die des b = 800 µm Schlitzes auf Δ = 11,4 %. Folglich nahm bei jeder Erhöhung der Binderauftragsgeschwindigkeit v_d die Anzahl an Schlitzen mit zweifelsfrei detektierbarer Differenz der Konturgenauigkeiten und deren Größenordnung zu. Die exakten prozentualen Konturgenauigkeiten in (unterstrichen) und orthogonal (kursiv) zur Verfahrrichtung in Abhängigkeit von der Binderauftragsgeschwindigkeit v_d sind **Tabelle 6-1** zu entnehmen.

Tabelle 6-1: Prozentuale Konturgenauigkeiten der Schlitzbreiten b bei variabler Binderauftragsgeschwindigkeit v_d (Dark-Level 1)

Percentage Contour Accuracies of the Width of the Slots b at variable Binder Application Velocities v_d (Dark-Level 1)

v_d / mm/s	Konturgenauigkeiten "In" / "*Orthogonal*" zur Verfahrrichtung / %					
	b = 800 µm		b = 500 µm		b = 200 µm	
100	96,8	*96,3*	92,9	*95,2*	89,1	*91,0*
200	90,0	*89,0*	86,3	*85,4*	81,2	*73,5*
300	88,2	*84,4*	85,5	*76,5*	74,4	*55,1*
400	91,3	*79,9*	86,0	*71,3*	79,3	*33,2*

Wie bereits durch die Auswertung im Bild 6-2 ersichtlich, lag bei der Binderauftragsgeschwindigkeit von v_d = 100 mm/s die höchste Konturgenauigkeit in beiden Verfahrrichtungen des Druckkopfs vor. Bei der Binderauftragsgeschwindigkeit v_d = 200 mm/s wurden orthogonal zur Verfahrrichtung des Druckkopfs vergleichbare Konturgenauigkeiten wie bei einer Geschwindigkeit von v_d = 300 mm/s in Verfahrrichtung des Druckkopfes erreicht. Die mikroskopische Analyse des b = 100 µm Referenzschlitzes bestätigte die beschriebenen Tendenzen. In Verfahrrichtung des Druckkopfes ist der Referenzschlitz bei allen untersuchten Binderauftragsgeschwindigkeiten v_d in die Probe eingeprägt und visuell deutlich von der Probenoberfläche zu unterscheiden, vgl. **Bild 6-3** links in blau. Gegen Verfahrrichtung des Druckkopfs war dieser bei einer Binderauftragsgeschwindigkeit v_d = 400 mm/s und v_d = 300 mm/s lediglich farblich abgehoben und nicht in die Probenoberfläche eingeprägt, vgl. Bild 6-3 links in rot. Erst durch Reduzierung der Binderauftragsgeschwindigkeit auf v_d = 200 mm/s war die Einprägung des Referenzschlitzes in die Probenoberfläche zu detektieren - wenn auch sehr ungenau. Bei Betrachtung des b = 200 µm breiten Schlitzes war eine Zunahme der Konturgenauigkeit mit abnehmender Binderauftragsgeschwindigkeit v_d in beiden Verfahrrichtungen des Druckkopfs deutlich ersichtlich, vgl. Bild 6-3 rechts. Insbesondere die Kantenschärfe am Schlitz nahm zu. Ursächlich dafür war die zunehmende Bildung von Satelliten während des Binderauftrags mit steigender Binderauftragsgeschwindigkeit. Die Aufnahme der wirklichen Breite b des b = 100 µm Schlitzes war mittels Digitalmikroskop infolge der geringen Konturgenauigkeit an den Kanten nicht möglich.

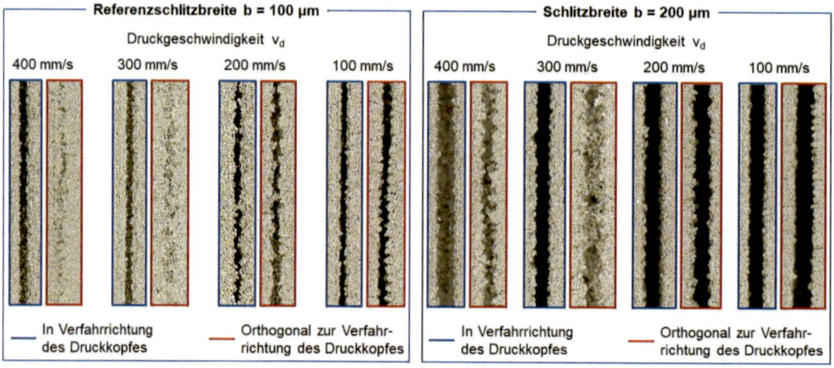

Bild 6-3: Analyse des Referenzschlitzes bei variablen Binderauftragsgeschwindigkeiten
Analysis of the Reference Slot at variable Binder Application Velocities

Die von MIYANAJI [MIYA18] analysierten Konturgenauigkeiten der Schlitze bei variablen Binderauftragsgeschwindigkeiten v_d weichen quantitativ deutlich von den soeben vorgestellten Untersuchungsergebnissen ab. Folglich ist es nicht möglich, Untersuchungsergebnisse Dritter für die Validierung oder Ableitung von Prozessparametern heranzuziehen, sofern die für die Untersuchungen verwendeten Anlagen oder Parameter von den eigenen abweicht. Die Untersuchungen von MIYANAJI [MIYA18] bestätigen die Anlagenabhängigkeit von Parameteruntersuchungen beim Binder Jetting und zeigen die Notwendigkeit der Berücksichtigung der Anlagenabhängigkeit bei einer Prozessauslegung.

Da Zahnräder rotationssymmetrische Bauteile sind, ist insbesondere eine geringe Richtungsabhängigkeit von der Kontur notwendig. Infolgedessen sind die Prozessparameter beim Zahnraddruck hinsichtlich der höchstmöglichen reproduzierbaren Konturgenauigkeit auszuwählen. Als Maß zur Bewertung der Streuung wurde die Standardabweichung SD der Konturgenauigkeit herangezogen und in Abhängigkeit von der Binderauftragsgeschwindigkeiten ausgewertet, vgl. **Bild 6-4**. Bei der Berechnung der Standardabweichung SD wurde nicht zwischen den Verfahrrichtungen des Druckkopfs unterschieden. Somit wurde die Streuung des gesamten Prozesses abgebildet. Zur Bewertung der Richtungsabhängigkeit von der Konturgenauigkeit wurde die Differenz der prozentualen Standardabweichungen SD zwischen den Verfahrrichtungen des Druckkopfs gebildet, vgl. Bild 6-4 hellblau.

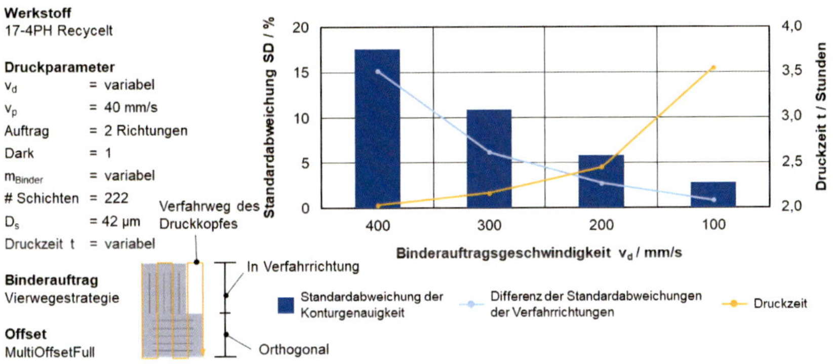

Bild 6-4: Auswertung der Prozessstreuung variabler Binderauftragsgeschwindigkeiten
Analysis of the Process Scatter of variable Binder Application Velocities

Hinsichtlich der Präzision und Prozessstreuung ist eine niedrige Binderauftragsgeschwindigkeit v_d einer hohen vorzuziehen. Bei der Auswahl einer geeigneten Binderauftragsgeschwindigkeit ist jedoch ebenso die Produktivität des Prozesses zu berücksichtigen. Der Probendruck bestand aus 222 Schichten. Die Druckzeit t variierte in Abhängigkeit von der Binderauftragsgeschwindigkeit v_d. Bei einer Binderauftragsgeschwindigkeit v_d = 400 mm/s betrug die Druckzeit t = 2:02 Stunden. Bei der Halbierung der Binderauftragsgeschwindigkeit auf v_d = 200 mm/s stieg die Druckzeit auf t = 2:27 Stunden - eine Zunahme um ca. Δ = 20 %. Die Standardabweichung SD der Konturgenauigkeit wurde durch die Halbierung der Binderauftragsgeschwindigkeit von SD = 17,6 % auf SD = 5,9 % annähernd gedrittelt. Die Differenz der Standardabweichungen der Verfahrrichtungen sank von Δ = 15,2 % auf Δ = 2,7 %. Bei einer weiteren Reduzierung der Binderauftragsgeschwindigkeit auf v_d = 100 mm/s stieg die Druckzeit auf t = 3:33 Stunden. In Bezug auf die Druckzeit t bei einer Binderauftragsgeschwindigkeit v_d = 200 mm/s entspricht dies einer Zunahme von ca. Δ = 45 %. Hinsichtlich der Druckzeit t bei einer Auftragsgeschwindigkeit v_d = 400 mm/s ist eine Zunahme um ca. Δ = 75 % zu detektieren. Trotz einer weiteren Reduzierung der Standardabweichung der Konturgenauigkeit auf SD = 2,8 % und der Steigerung der Konturgenauigkeit ist aufgrund der deutlichen Erhöhung der Druckzeit t eine Reduzierung der Binderauftragsgeschwindigkeit auf v_d = 100 mm/s hinsichtlich der Produktivität und Wirtschaftlichkeit nicht sinnvoll.

Resultierend aus den vorgestellten Ergebnissen der Schlitzversuche bei variabler Binderauftragsgeschwindigkeit v_d wurde für die folgenden Untersuchungen aufgrund der vergleichsweise hohen Produktivität bei gleichzeitig guter Konturgenauigkeit und mäßiger Streuung eine Binderauftragsgeschwindigkeit von v_d = 200 mm/s verwendet.

6.2.2 Variation der Bindermenge

Variation of the Amount of Binder

Nachdem die Binderauftragsgeschwindigkeit für den Zahnraddruck aus 17-4PH auf v_d = 200 mm/s festgelegt wurde (Pulverauftragsgeschwindigkeit v_p = 40 mm/s, vgl. Kapitel 6.1), wurde zur Detektion des Einflusses der Bindermenge auf die Konturgenauigkeit eine weitere Versuchsreihe mit Schlitzversuchen durchgeführt. Bei konstanter Auftragsgeschwindigkeit wurde die Bindermenge von Dark-Level 1 (56,25 % der Pixel) auf Dark-Level 3 (68,75 % der Pixel) und Dark-Level 5 (81,25 % der Pixel) erhöht. Die Auswertung erfolgte analog zur Binderauftragsgeschwindigkeit v_d im vorherigen Teilkapitel in einem Netzdiagramm, vgl. **Bild 6-5**.

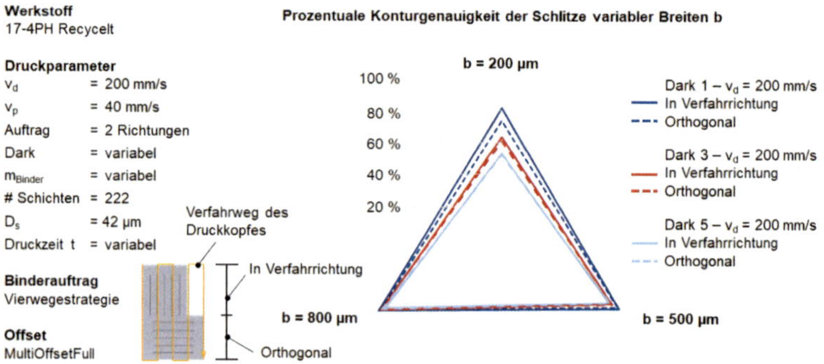

Bild 6-5: Konturgenauigkeit bei variablen Bindermengen
Contour Accuracy at variable Amount of Binder

Mit Zunahme der Bindermenge bzw. des Dark-Levels nahm die Konturgenauigkeit der Schlitze ab. Die deutlichste Abnahme der Konturgenauigkeit ist bei der Erhöhung des Dark-Levels von Dark 1 auf Dark 3 zu detektieren. Die exakten prozentualen Konturgenauigkeiten in (unterstrichen) und orthogonal (kursiv) zur Verfahrrichtung in Abhängigkeit von der Bindermenge sind **Tabelle 6-2** zu entnehmen.

Tabelle 6-2: Prozentuale Konturgenauigkeiten der Schlitzbreiten b bei variabler Bindermenge

Percentage Contour Accuracies of the Width of the Slots b at variable Amount of Binder

Dark	Konturgenauigkeiten "In" / "*Orthogonal*" zur Verfahrrichtung / %					
	b = 800 µm		b = 500 µm		b = 200 µm	
1	90,0	*89,0*	86,3	*85,4*	81,2	*73,5*
3	88,4	*88,3*	81,0	*81,6*	63,3	*60,7*
5	85,3	*88,0*	79,1	*79,7*	53,3	*52,0*

Bei beispielhafter Analyse des b = 200 µm Schlitzes sank durch die Erhöhung des Dark-Levels von Dark 1 auf Dark 3 die Konturgenauigkeit in Verfahrrichtung des Druckkopfes um Δ = 17,9 %, orthogonal zur Verfahrrichtung des Druckkopfes um Δ = 12,8 %. Bei weiterer Erhöhung des Dark-Levels auf Dark 5 sank die Konturgenauigkeit des b = 200 µm Schlitzes um weitere Δ = 10 % in Verfahrrichtung des Druckkopfes und um Δ = 8,7 % orthogonal zur Verfahrrichtung des Druckkopfes. Zurückzuführen ist dies auf Bleedingeffekte im Prozess. Auch die Analyse des b = 100 µm Referenzschlitzes zeigte die Bleedingeffekte bei höheren Bindermengen bzw. höherem Dark-Level deutlich - beim Dark-Level 5 war der Referenzschlitz lediglich farblich von der Probenoberfläche zu unterscheiden und nicht mehr in die Probenoberfläche eingeprägt. Der Einfluss der Bindermenge auf die Konturstreuung wurde in der Auswertung der Standardabweichung SD berücksichtigt. Der prozentuale Wert der Standardabweichung SD in Abhängigkeit von der Bindermenge bzw. vom Dark-Level ist in **Bild 6-6** dargestellt.

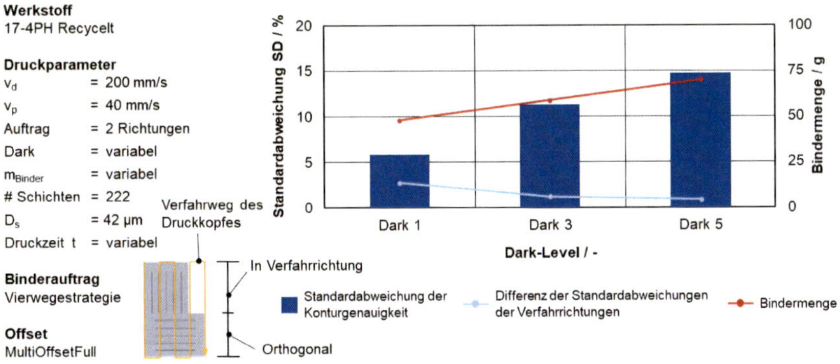

Bild 6-6: Auswertung der Prozessstreuung variabler Bindermengen

Analysis of the Process Scatter of variable Amount of Binder

Die Charakterisierung des Werkstoffpulvers zeigte, dass 90 % aller für den Druck verwendeten Pulverpartikel Q3(90) kleiner gleich 25,4 µm waren (vgl. Kapitel 5.2.1). Eine Schlitzbreite von b = 200 µm entspricht demnach dem kumulierten Durchmesser von acht Pulverkörnern (Q3(90) ≤ 25,4 µm). Die Standardabweichung der Konturgenauigkeit stieg mit zunehmender Bindermenge. Ursächlich dafür ist die Empfindlichkeit des b = 200 µm Schlitzes gegenüber dem Einfluss der untersuchten Prozessparameter auf die geometrische Genauigkeit. Die geometrische Genauigkeit wird durch die sensiblen Pulver-Binder-Interaktionen während des Binder Jetting Prozesses beeinflusst. Simultan lag eine Reduktion der Differenz der Standardabweichungen (der Konturgenauigkeit) zwischen den Verfahrrichtungen vor. Eine höhere Bindermenge verringerte somit insbesondere beim b = 200 µm Schlitz die Richtungsabhängigkeit von der Konturgenauigkeit, erhöhte allerdings die Streuung des Prozesses. Je mehr Binder beim Druck ins Bauteil eingebracht wird, desto weniger Binder ist bei den nachfolgenden Prozessschritten Curing und Entbindern aus dem Bauteil auszudampfen, die Prozesszeiten werden steigen und das Risiko der Rissbildung nimmt zu. Zudem ist hinsichtlich der Wirtschaftlichkeit eine geringe Bindermenge anzustreben. Bei der Erhöhung der Bindermenge von Dark 1 auf Dark 3 respektive Dark 5 stieg der Binderverbrauch von m_{Binder} = 48 g auf m_{Binder} = 59 g respektive m_{Binder} = 70 g, was einem prozentualen Anstieg von ca. Δ = 23 % respektive Δ = 46 % entspricht. Hinzukommend zum Mehrverbrauch an Binder nimmt der Verschleiß der Kartuschen im Druckkopf zu. Gemäß den Vorgaben des Anlagenherstellers DIGITAL METAL AB, ist eine Kartusche nach dem Durchfluss von ca. V_{Binder} = 500 ml Binder auszutauschen. Infolgedessen wird der Druckprozess in Gänze unwirtschaftlicher. Eine Erhöhung der Druckzeit t war nur in geringem Maße zu detektieren. Bei der Erhöhung des Dark-Levels von Dark 3 auf Dark 5 erhöhte sich die Druckzeit von t = 2:27 Stunden auf t = 2:35 Stunden.

Die durchgeführten Untersuchungen belegen, dass eine möglichst geringe Binderauftragsgeschwindigkeit v_d hinsichtlich einer guten Konturgenauigkeit und geringen Prozessstreuung zu wählen ist. Bei der Auswahl der Binderauftragsgeschwindigkeit v_d ist jedoch die Druckzeit t und somit die Wirtschaftlichkeit miteinzubeziehen, vgl. Kapitel 6.2.1. Hinsichtlich des Binderauftrags ist eine geringe ins Pulverbett eingebrachte Bindermenge anzustreben. Für die verwendete Anlage DM P2500 der Firma DIGITAL METAL AB sind eine Binderauftragsgeschwindigkeit v_d = 200 mm/s bei Dark 1 unter Verwendung der Vierwegestrategie und der Offset-Strategie MultiOffsetFull sowie eines zweiseitigen Pulverauftrags mit v_p = 40 mm/s für den Zahnraddruck zu verwenden. Eine Validierung der Prozessparameter erfolgt mittels eines sogenannten Linienversuches. Dieser ist im folgenden Kapitel beschrieben.

6.2.3 Validierung der gewählten Parameter

Validation of the chosen Process Parameters

Der Linienversuch ist als Umkehrversuch zum Schlitzversuch beim Binder Jetting zu verstehen. Anstelle der ins Bauteil eingeprägten Schlitze werden Linien ins Pulverbett gedruckt. Der Linienversuch dient der Validierung der im Schlitzversuch ermittelten Prozessparameter für den Binder Jetting Zahnraddruck. Die Anzahl der Analogiekörper ist gleichbleibend. Der Linienversuch stellt eine anwendungsbezogene Modifikation des von MIYANAJI [MIYA18] durchgeführten Single-Track-Experimentes dar.

In Analogie zum Schlitzversuch wurden Linien mit einer Breite b = 200 µm, b = 500 µm und b = 800 µm und einer Länge l von je l = 30 mm gedruckt. Wie im Schlitzversuch wurde ein Satz Linien in Verfahrrichtung des Druckkopfs gedruckt, während ein weiterer Satz Linien orthogonal zur Verfahrrichtung des Druckkopfs gedruckt wurde. Zudem wurde die Höhe h der Linien variiert, sodass pro Satz drei Linien mit der Höhe h = 2 mm und drei Linien mit der Höhe h = 4 mm gedruckt wurden. Untersucht wurden die Binderauftragsgeschwindigkeiten v_d = 200 mm/s und v_d = 300 mm/s bei Dark-Level 1. Die Binderauftragsgeschwindigkeiten v_d = 100 mm/s und v_d = 400 mm/s wurden aufgrund zu geringer Produktivität respektive Präzision vorab für diese Untersuchungen ausgeschlossen. Die Linienkonturen wurden mithilfe eines Digitalmikroskops vom Typ KEYENCE VHX 5000 messtechnisch erfasst. **Tabelle 6-3** sind die ermittelten prozentualen Konturgenauigkeiten zu entnehmen. Konturgenauigkeiten über 100 % entsprechen dabei einem Übermaß.

Tabelle 6-3: Prozentuale Konturgenauigkeiten der Linienbreiten b bei variabler Binderauftragsgeschwindigkeit v_d (Dark-Level 1)

Percentage Contour Accuracies of the Width of the Track b at variable Binder Application Velocities v_d (Dark-Level 1)

v_d / mm/s	Konturgenauigkeiten "In" / "*Orthogonal*" zur Verfahrrichtung / %					
	b = 800 µm		b = 500 µm		b = 200 µm	
200	97,6	*95,1*	98,6	*94,7*	96,5	*84,4*
300	100,1	*102,3*	101,8	*104,1*	102,2	*97,4*

In **Bild 6-7** sind sowohl die prozentuale Konturgenauigkeit (blau) der gedruckten Linien in Abhängigkeit von der Verfahrrichtung als auch die Standardabweichung SD (gelb) bei einer Binderauftragsgeschwindigkeit v_d = 200 mm/s aufgetragen. Die mittlere prozentuale Konturgenauigkeit in bzw. orthogonal zur Verfahrrichtung des Druckkopfes betrug 97,6 % bzw. 91,4 %, vgl. auch Tabelle 6-3. Bei selben Druckparametern wiesen die Schlitze eine mittlere prozentuale Konturgenauigkeit von 85,8 % bzw. 82,6 % auf, vgl. Tabelle 6-1. Das Drucken der Linien war somit im Mittel um Δ = 11,5 % bzw. Δ = 8,8 % präziser als das Drucken der Schlitze. Bezogen auf die Fertigung von Zahnrädern mittels Binder Jetting folgt, dass beim Druck der eigentlichen Zahnradkontur eine höhere Präzision zu erwarten ist, als bei ins Zahnrad eingeprägten Features wie beispielsweise einer Bauteilkennung, einer Passfedernut oder einer umlaufenden Tasche. Auffallend (Bild 6-7) war die Übereinstimmung sowohl der Konturgenauigkeiten als auch der prozentualen Standardabweichungen SD der b = 800 µm und b = 500 µm Linien in Verfahrrichtung des Druckkopfs. Beide nahmen in nur geringem Maße von 97,6 % auf 98,6 % bzw. von 2,8 % auf 3,0 % zu. Die Präzision und Streuung der gedruckten b = 800 µm und b = 500 µm Linien waren somit nahezu identisch. Daraus ist zu schließen, dass zur Fertigung der Linien die Binderauftragsgeschwindigkeit von v_d = 200 mm/s die Grenze der Maschine für eine reproduzierbare Fertigungsqualität darstellt.

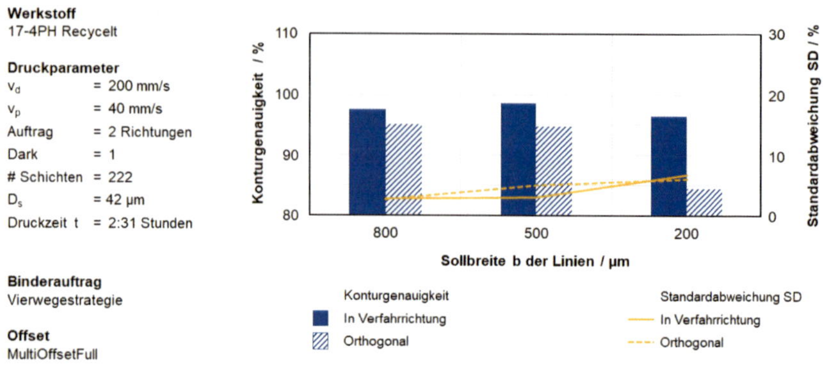

Bild 6-7: Auswertung der Konturgenauigkeit und Standardabweichung der Linienversuche (v_d = 200 mm/s)

Analysis of the Contour Accuracy and Process Scatter of the Track Trials (v_d = 200 mm/s)

Geometrien in Verfahrrichtung des Druckkopfs sind somit bis zu einer minimalen Breite von ca. b = 500 µm ohne Abnahme der Konturgenauigkeit oder Zunahme der Streuung in Bezug auf größere Geometrien mittels Binder Jetting (als Grünteil) fertigbar. Bei Erhöhung der Binderauftragsgeschwindigkeit auf v_d = 300 mm/s, wurde bei sämtlichen Linienbreiten mit Ausnahme der b = 200 µm Linie orthogonal zur Verfahrichtung des Druckkopfs ein Übermaß gefertigt, vgl. Tabelle 6-3. Insbesondere die orthogonal zur Verfahrichtung des Druckkopfes gedruckten Linien b = 800 µm und b = 500 µm wiesen ein Übermaß auf. Zurückzuführen ist dies auf die Satellitenbildung bzw. den entstehenden Drift zwischen dem sphärischen Kopf und den Satelliten entlang der Verfahrrichtung des Druckkopfs (Kapitel 2.2.5). Während die b = 800 µm Linie in Verfahrrichtung des Druckkopfs mit einer Konturgenauigkeit von 100,1 % bei einer Standardabweichung von SD = 3,0 % reproduzierbare Ergebnisse lieferte, wird der Einfluss der Binderauftragsgeschwindigkeit v_d auf die Konturstreuung und infolgedessen auf die Standardabweichung SD deutlich, vgl. **Bild 6-8**. Unabhängig von der Verfahrrichtung des Druckkopfs, wurde bei den Linien der Breiten b = 500 µm und b = 200 µm eine deutliche Zunahme der Standardabweichungen SD detektiert. Die prozentualen Standardabweichungen in bzw. orthogonal zur Verfahrrichtung des Druckkopfs der b = 200 µm Linie betrugen SD = 15,2 % bzw. SD = 16,8 %. Bezogen auf die prozentualen Standardabweichungen der b = 200 µm Linie bei v_d = 200 mm/s ist dies eine Zunahme von ΔSD = 8,4 % in Verfahrrichtung und ΔSD = 10,8 % orthogonal zur Verfahrrichtung des Druckkopfs.

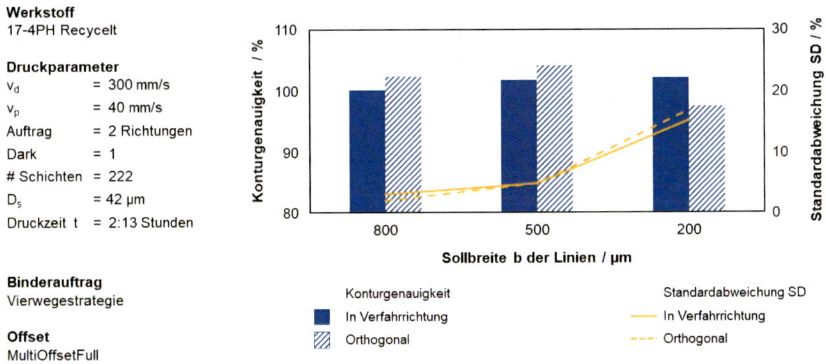

Bild 6-8: Auswertung der Konturgenauigkeit und Standardabweichung der Linienversuche (v_d = 300 mm/s)

Analysis of the Contour Accuracy and Process Scatter of the Track Trials (v_d = 300 mm/s)

Die Prozessstreuung und somit die prozentuale Standardabweichung SD ist als relevantere Kenngröße verglichen mit der Konturgenauigkeit für die Fertigung von (rotationssymmetrischen) Zahnrädern zu verstehen. Etwaige Ungenauigkeiten / Formabweichungen wie ein konstantes Über- oder Untermaß können im Druckprozess durch Skalierungsfaktoren in der Prozessauslegung berücksichtigt werden. Die ist jedoch lediglich bei konstanten Ungenauigkeiten / Formabweichungen möglich. Aufgrund der herstellerabhängigen unterschiedlichen Maschinencharakteristika und Steuerungen ist die Übertragbarkeit der entwickelten Ergebnisse auf einen anderen Maschinentyp vorab zu untersuchen - die abgeleiteten Parameter dienen dabei als initiale Anhaltspunkte. Die Erhöhung der Binderauftragsgeschwindigkeit von v_d = 200 mm/s auf v_d = 300 mm/s erhöhte die prozentuale Standardabweichung SD der b = 200 µm Linien in- bzw. orthogonal zur Verfahrrichtung des Druckkopfs von SD = 6,8 % bzw. SD = 6,0 % auf SD = 15,2 % bzw. SD = 16,8 %. Aufgrund der deutlichen Zunahme der Standardabweichung SD ist eine Binderauftragsgeschwindigkeit v_d = 200 mm/s einer Geschwindigkeit v_d = 300 mm/s vorzuziehen.

6.3 Ableitung der Fertigungsparameter für den Zahnraddruck

Derivation of the Process Parameters for Gear Manufacturing

Die bisherigen Untersuchungen in den Kapiteln 6.1 und 6.2 hatten das Ziel, den Binder Jetting Druckprozess hinsichtlich der Grünteildichte und Geometriegenauigkeit zu optimieren. Dazu wurden Prozessparameter variiert und deren Einfluss an Grünteilen untersucht. Im Folgenden werden basierend auf den bisherigen Untersuchungen für die Fertigung von Zahnrädern aus 17-4PH mittels Binder Jetting geeignete Parameter abgeleitet.

Für den Druck von Zahnrädern ist das auf T_P = 70 °C vorgewärmte Pulver mittels zweiseitigem Pulverauftrag und einer konstanten Auftragsgeschwindigkeit v_p = 40 mm/s in das Pulverbett einzubringen. Bei Verwendung der genannten Auftragsstrategie war in den bisherigen Untersuchungen zur Zahnradfertigung mittels Binder Jetting eine hinreichende mittlere Grünteildichte $\rho_{rel,m}$ = 53,4 % prozesssicher erreichbar (Kapitel 6.1). Eine höhere Grünteildichte impliziert eine geringere Schwindung beim Sintern. Daraus resultiert eine Reduzierung der induzierten Spannungen durch Reibung mit der Sinterauflage und eine Abnahme des Risikos der Rissbildung. Beim Binderauftrag ist die validierte Binderauftragsgeschwindigkeit v_d = 200 mm/s bei einem Dark-Level 1 (56,25 % aller Pixel) in der Binder Jetting Zahnradfertigung zu verwenden (Kapitel 6.2). Systematischen Untersuchungen zum Pulver- und Binderauftrag zeigten die Zusammenhänge bei Interaktion von Pulverauftrag und Binderbenetzung sowie den resultierenden Grünteileigenschaften auf. Auf diese Weise konnten optimierte und anhand von Analogiebauteilen validierte Druckparameter für die Binder Jetting Zahnradfertigung gemäß der ersten Forschungsfrage abgeleitet werden. Im Folgenden wird die Prozesskette um die Schritte der Wärmebehandlung (Curing, Entbindern, Sintern) nach dem Druck der Zahnradgrünteile erweitert. Die wissenschaftliche Auslegung dieser Prozessschritte ist ebenso wie ein mögliches Lösungsglühen nicht Teil der Arbeit. Das Entbindern und das Sintern werden von einem externen Industriedienstleister durchgeführt. Konstruktive Anpassungen im Zahnraddruckprozess sind resultierend aus den Erkenntnissen der nachgelagerten thermischen Prozesse jedoch durchzuführen. Im Prozess ist sicherzustellen, dass nach der Bauteilschwindung während der Sinterung ausreichendes Schleifaufmaß an dem Zahnrad vorliegt. Im Anschluss können die Zahnräder gefertigt und auf dem Prüfstand hinsichtlich der Zahnfußtragfähigkeit in der Zeit-und Dauerfestigkeit untersucht werden (Kapitel 7).

6.4 Entwicklung konstruktiver Stützstrukturen bei der Zahnradfertigung

Design of Support Structures in Gear Manufacturing

Wie in Kapitel 5.3 zusammengefasst, wurden vereinzelt sowohl nach dem Entbindern als auch nach dem Sintern Spannungsrisse im Bauteil detektiert. Diese könnten aus der Reibung zwischen dem Kompaktbauteil Zahnrad und der keramischen Sinterfläche resultieren. Ursächlich dafür könnte die Schrumpfung des Zahnradvolumens aufgrund von auftretender Schwindung sein. Während des Sinterprozesses wird aufgrund der Diffusionsbindung benachbarter Pulverpartikel die Endfestigkeit des Zahnrads hergestellt und das Grünteil wird durch Schwindung zu einem Kompaktbauteil verdichtet. Die Nutzung konstruktiver Stützstrukturen während der Wärmebehandlungsprozesse kann der Rissbildung durch Sinterschwindung vorbeugen.

Konstruktive Stützstrukturen beim Binder Jetting von Zahnrädern entsprechen kleinen Bauteilen, welche zusätzlich mit dem Kompaktbauteil Zahnrad in einem Druckprozess hergestellt werden. Diese Elemente dienen vornehmlich der Unterstützung bei den thermischen Nachbehandlungsprozessen des Curing und des Sinterns. Vor allem bei den beiden genannten Prozessschritten werden Spannungen induziert, welche durch die Verwendung von Stützstrukturen reduziert werden. Die Spannungen beim Curing könnten durch die statischen und dynamischen Wechselwirkungen des Pulvers induziert werden. Während das trockene reine Pulver statische Charakteristika aufweist, weisen die gedruckten Grünteile durch die Benetzung des Pulvers mit dem Binder dynamische Eigenschaften auf. Durch die Verdampfung von Feuchtigkeit im Grünteil schrumpft dieser geringfügig. Daraus könnte ein steigender Druck des Pulvers auf die Bohrung des Zahnrades resultieren, welcher dem dynamischen Verhalten des Grünteils entgegenwirkt. Auf diese Weise könnten Spannungen in das Bauteil eingebracht werden, welche schon im Zahnradgrünling zu einer Rissbildung und -ausbreitung führen. Durch das konstruktive Einbringen eines Zylindergrünteils in der Zahnradbohrung wird der kritische Übergangsbereich zwischen dem sich statisch verhaltenden Pulver (rote Pfeile) und dem dynamischen Bauteilgrünteil (blaue Pfeile) reduziert und die Gefahr von Rissbildung beim Curing minimiert, vgl. links im **Bild 6-9**. Zudem ist schematisch ein Curingprozess dargestellt, welcher den definierten Zeitraum t_R zur Erwärmung von Raumtemperatur auf die Curingtemperatur T_C = 200 °C sowie die Haltezeit t_H auf der Temperatur T_C abbildet. Die gedruckten Zahnradgrünteile werden nach dem Curingprozess manuell entpulvert und auf Bauteilschäden untersucht, bevor sie dem Entbinderungs- und Sinterprozess zugeführt werden.

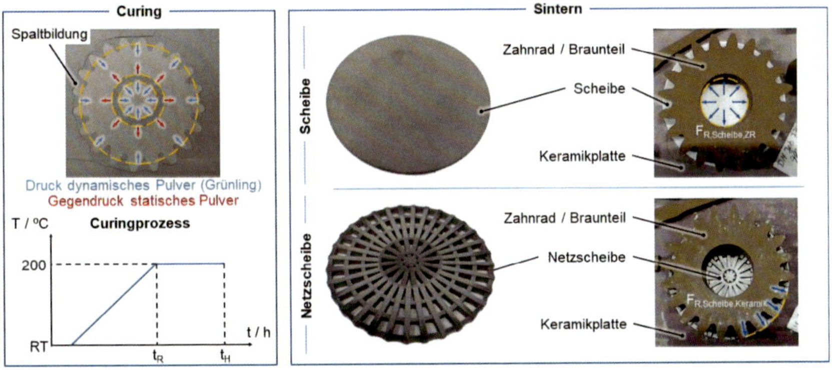

Bild 6-9: Stützstrukturen der Verzahnung für die Prozessschritte Curing und Sintern
Support Structures of the Gear for the Process Steps Curing and Sintering

Wie rechts in Bild 6-9 ersichtlich, wurden für den Sinterprozess ebenfalls Stützstrukturen konstruiert und gedruckt. Beim Sinterprozess können, verglichen mit dem Curing, deutlich höhere Spannungen aufgrund der Schwindung des Kompaktbauteils Zahnrad durch Diffusionsprozesse auftreten. Wird das Zahnradgrünteil ohne Stützstruktur unmittelbar auf der Keramikplatte, der Auflagefläche im Sinterofen, gesintert, wirkt trotz der Verwendung reibungsmindernder Stoffe die Reibkraft zwischen Keramikplatte und Zahnrad der Sinterschwindung des Zahnrades entgegen. Daraus können Risse an den Stirnflächen entstehen, welche im Laufe des Entbinderungs- und Sinterprozesses vollständig aufreißen und somit zum Ausschuss des Zahnrades führen. Um diesem Effekt entgegenzuwirken wurde zusätzlich eine Scheibe aus identischem Werkstoff 17-4PH und somit ähnlichen Schwindungseigenschaften wie das Zahnrad konstruiert, vgl. Bild 6-9 rechts oben. Der Scheibendurchmesser entspricht dem Außendurchmesser des Zahnrades und die Dicke beträgt s = 2 mm. Die Scheibe weist in ihrer Mitte keine Bohrung auf und schrumpft nahezu kongruent mit dem Zahnrad, was eine Minderung der Reibkraft zwischen Zahnrad und Unterlage impliziert. Nachteilig aufgrund der durchgängigen Scheibenkonstruktion ist das Fehlen von Freiräumen, zum Beispiel einer Bohrung, in radialer Richtung. Somit kann ab einem Punkt während des Sinterprozesses die Scheibe nicht weiter Schrumpfen und der Sinterverzug der Scheibe beginnt. Gleichzeitig hält der Schrumpfungsprozess des Zahnrades aufgrund des deutlich größeren Volumens an. Weiterhin verursacht die hohe Gewichtskraft des Zahnrades zusätzlich eine Reibung zwischen der Scheibe und der Keramikplatte. Im ungünstigsten Falle schrumpft die Scheibe ungleichmäßig, reißt und erfüllt ihre Funktion als Stützstruktur nicht mehr. Die beschriebenen Phänomene bei der Verwendung der konstruktiven Scheibenstützstrukur konnten final nach der Sinterung bewertet werden. Nach dem Curing und der Entbinderung konnten keine Risse an den Zahnradgrün- und -braunteilen detektiert werden. Die Curingparameter wurden entsprechend der Schichtanzahl # sowie der eingebrachten Bindermenge m_{Binder} im Druck errechnet. Die Sinterparameter wurden für die Validierung der Stützstruktur nicht variiert. Die mittlere relative Dichte der Zahnräder betrug somit analog der relativen Dichte beim initialen Zahnraddruck $\rho_{rel,m}$ = 97,4 %, vgl. Kapitel 5.2. Vor der Entbinderung und Sinterung wurde ein zusätzlicher Gleitstoff auf Zirkonium Basis (STOPYT) auf die Stützstruktur aufgebracht. Dies verhindert ein Anhaften der Zahnräder nach dem Sintern an der Stützstruktur und der Keramikplatte. Nach der Sinterung von vier jeweils auf einer Scheibe platzierten Zahnrädern in einem Retortenofen wurden an zwei Zahnrädern feinste Risse detektiert. Die Spannungsrisse verliefen vom Zahnfuß hin zur Bohrung des Zahnrades auf der Stirnfläche. Risse auf den Flanken und im Zahnfuß der Zahnräder wurden nicht beobachtet.

Daher erfolgte durch konstruktive Anpassung nach einer Fehleranalyse die Weiterentwicklung zu einer Netzscheibe gleichen Werkstoffes, vgl. Bild 6-9 rechts unten. Der Außendurchmesser der Netzscheibe entsprach ebenfalls dem des Zahnrades, die Dicke wurde jedoch auf s = 5 mm erhöht. Durch die konstruktiven Anpassungen in der Struktur entstanden radiale Freiräume, wodurch die Verformbarkeit in planarer Ebene erheblich gesteigert wurde. Die Auflagefläche war geringer und überschüssiges Material wirkte dem Schrumpfen nicht mehr entgegen. Spannungsrisse im Zahnrad durch den Sinterprozess wurden vermieden. Weiterer Vorteil der Netzscheibe gegenüber einer Scheibe war einerseits die gesteigerte Ressourceneffizienz und andererseits auch die Möglichkeit der Wärmeabfuhr aus der Verzahnung während des Sinterprozesses, da auch an der Unterseite des Zahnrades konvektive Umgebungseigenschaften im Ofen herrschten und die Auflagefläche geringer war. Somit reduzierte die Stützstruktur beim Curing und Sintern zum einen den Bauteilverzug aufgrund gleichmäßigen Schwindens und verringerte zum anderen die Gefahr von Spannungsrissen im Zahnrad. Nach der Sinterung auf der Netzscheibe wurde an keinem der vier Zahnräder ein sichtbarer Defekt detektiert. Daher ist es nun mit der in diesem Kapitel entwickelten

Netzscheibe und der damit einhergehenden Optimierung möglich, Binder Jetting Zahnräder aus dem Werkstoff 17-4PH ohne Bauteildefekte (z.B. Risse) nach der Sinterung zu fertigen. Die Parameter der thermischen Prozesse werden im Kapitel 6.6 abgeleitet.

6.5 Bauteilskalierung

Scaling of the Component

Die dimensionslosen Skalierungsfaktoren SF_i der gefertigten Zahnräder aus 17-4PH wurden angelehnt an die in Kapitel 2.2.6 von JANSSON und EDHOLM theoretisch hergeleiteten Skalierungsfaktoren initial mit $SF_i \approx 1{,}2$ abgeschätzt [JANS16]. Das Zahnrad kann nicht global (X-, Y- und Z-Richtung) mit einem äquidistanten Skalierungsfaktors SF_i beaufschlagt werden. Die entwickelten empirischen Gleichungen sind jedoch lediglich für Quader der Länge $l_z \leq 6$ cm aus dem Werkstoff 316L gültig. Nach dem Sintern der Zahnräder wurde in der geometrischen Analyse teilweise Untermaß auf den Zahnflanken respektive ein zu geringes Schleifaufmaß detektiert. Daher wurden die Skalierungsfaktoren für den folgenden Zahnraddruck in X-, Y- und Z-Richtung in der Größenordnung $\Delta = 3{,}43$ % ($SF_i \approx 1{,}24$) erhöht, um der Sinterschwindung vorzubeugen, vgl. **Bild 6-10**.

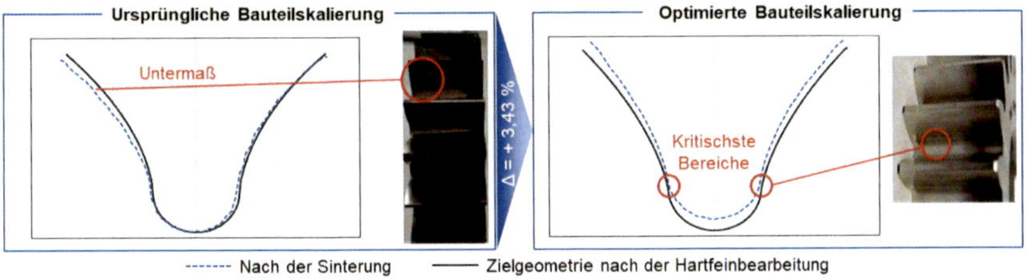

Bild 6-10: Geometriemessung einer Zahnlücke vor und nach der Anpassung der Bauteilskalierung

Geometry of a Tooth Gap before and after Adjusting the Scaling Factors

Zusätzlich zur Generierung eines ausreichenden Schleifaufmaßes beim Zahnraddruck ist verglichen mit den Voruntersuchungen eine höhere relative Dichte ($\rho_{rel} \approx 98\text{-}100$ %) zur Steigerung der Zahnfußtragfähigkeit durch Anpassung des Sintervorgangs anzustreben. Die Anpassung der thermischen Prozesse Curing, Entbinderung und Sinterung in der Binder Jetting Zahnradfertigung durch einen externen Dienstleister werden im folgenden Kapitel 6.6 beschrieben. Nach der Anpassung der Skalierungsfaktoren lag sowohl im Zahngrund als auch an den oberen Bereichen der Zahnflanken ausreichendes Schleifaufmaß von bis zu s = 450 µm vor, vgl. Bild 6-10 rechts. Am Zahnfuß, im Übergangsbereich der Zahnflanke in den Zahnfuß, betrug das minimale Aufmaß näherungsweise s = 70 µm. Das Aufmaß war somit nicht gleichmäßig über die gesamte Lücke verteilt, dennoch lag ausreichend Aufmaß für die Hartfeinbearbeitung der Zahnräder vor.

6.6 Thermische Prozesse in der Zahnradfertigung

Thermal Processes in Gear Production

Nach dem Druck der Zahnräder wird der eingebrachte Binder im Curingprozess ausgehärtet und die Zahnräder können aus dem Pulverbett entnommen werden. Anschließend erfolgen die Entbinderung und Sinterung der Zahnräder. Mit der Erhöhung der Skalierungsfaktoren zur Vermeidung von Untermaß ging eine Erhöhung der Bindermenge sowie eine Verlängerung des Curingprozesses einher. Aus der erhöhten Bindermenge resultierte für den gleichzeitigen Druck von vier Zahnrädern aus dem Werkstoff 17-4PH eine Rampenzeit t_R = 11 h 30 min. Die Haltezeit auf der Curingtemperatur T_C wurde nicht verändert und betrug t_H = 8 Stunden. Weitere Anpassungen des Curingprozesses waren nach Rücksprache mit dem Anlagenhersteller nicht notwendig. Resultierend aus den bisherigen Erkenntnissen der Entbinderung in einem Muffelofen und der Sinterung in einem Retortenofen (vgl. Voruntersuchungen in Kapitel 5.2) wurden im Folgenden die Zahnräder bei ähnlichen Prozessbedingungen in Schutzgasatmosphäre in einem Durchlaufofen entbindert und gesintert. Die Sinterung wurde in reiner Wasserstoff-Atmosphäre (H_2-Atmosphäre) durchgeführt, um einer Oxidation der Zahnräder während des Sinterns vorzubeugen. Die Auslegung des Sinterprozesses erfolgte in Zusammenarbeit mit dem externen Dienstleister CREMER THERMOPROZESSANLAGEN GMBH. Analog zu den Anpassungen des Curingprozesses wurde beim Entbindern die Aufwärmrampenzeit t_R verlängert. Die Haltetemperatur blieb verglichen mit den Voruntersuchungen unverändert bei T_D = 350 °C. Nach der Entbinderung wurden keine Bauteilrisse mehr detektiert. Weitere Prozessanpassungen des Entbinderns waren somit nicht nötig. Beim Sintern wurde die gewünschte Dichte des Zahnrades durch die Erhöhung der maximalen Sintertemperatur bei gleichbleibender Sinterdauer eingestellt. Der Sinterprozess ist in drei Phasen unterteilt: das Aufheizen auf die finale Sintertemperatur T_S unter Einbezug verschiedener Halterampen, das Halten bei der Sintertemperatur T_S und das definierten Abkühlen. Die Zieldichte von ρ_{rel} = 99 % wurde in Sinterversuchen mit Zahnrädern iterativ angenähert. Äußerlich sichtbare Rissbildung wurde durch die Anpassungen in den einzelnen Druckprozessschritten (Pulver- und Binderauftrag) sowie der Nutzung der Stützstruktur (Netzscheibe), vgl. Kapitel 6.4, vermieden. Die jeweilige Dichte wurde mittels archimedischer Messungen von Bezugsquadern ermittelt. Die maximale Sintertemperatur der Zahnräder aus 17-4PH betrug bei einer relativen Sinterdichte ρ_{rel} = 99 % T_S = 1370 °C. Die gesinterten Zahnräder waren alle vollständig schadensfrei nach der Sinterung und verfügten über ein ausreichendes Aufmaß. Des Weiteren wurde durch einen externen Dienstleister der Sinterprozess zum Erreichen relativer Dichten von ρ_{rel} = 77 % und ρ_{rel} = 94 % ausgelegt. Sowohl die wissenschaftliche Analyse als auch die Simulation und Auslegung des Sinterprozesses von Binder Jetting Zahnrädern aus 17-4PH erfolgt zukünftig durch das Institut für Werkstoffanwendungen im Maschinenbau (IWM) der RWTH Aachen University.

6.7 Vorhersage der Sinterschwindung des Zahnlückenprofils

Prediction of Sintering Shrinkage of the Tooth Gap Profile

Zur Analyse der Sinterschwindung der Zahnräder aus 17-4PH wurden auf der Verzahnungsmessmaschine vom Typ P65 der Firma KLINGELNBERG die geometrische Kontur sowohl der Zahnradgrünteile ($\rho_{rel} \approx 54$ %) nach dem Entpulvern als auch der auf unterschiedliche relative Dichten gesinterten Zahnräder messtechnisch erfasst, vgl. **Bild 6-11**. Analysiert wurden je acht Zahnräder (Geometrie Kapitel 4.2), welche nach der Sinterung die mittlere relative Dichte $\rho_{rel} = 77$ %, $\rho_{rel} = 94$ % und $\rho_{rel} = 99$ % aufwiesen. Zuerst wurde, vgl. Bild 6-11 links, sowohl der Kopfkreisdurchmesser d_a als auch der Fußkreisdurchmesser d_f der jeweiligen Zahnräder ermittelt. Auf der Y-Achse ist der jeweilige Durchmesser d und auf der X-Achse die relative Dichte ρ_{rel} des Zahnrades aufgetragen. Die dichteabhängig aufgetragenen Kopf- und Fußkreisdurchmesser wurden miteinander verbunden. Somit ist qualitativ eine nahezu lineare Abnahme der beiden Durchmesser hinsichtlich der Zahnraddichte - resultierend aus der Sinterschwindung - zu detektieren. Die einzelnen prozentualen Werte der Differenz sind Bild 6-11 links zu entnehmen. Bei den Zahnrädern der mittleren relativen Dichte $\rho_{rel} = 99$ % betrug die Schrumpfung des Kopf- und Fußkreisdurchmessers sowie des Zahnlückenprofils verglichen zur Geometrie des Zahnradgrünteils etwa $\Delta \approx 18$ %. Die Gesetzmäßigkeiten der Durchmesserschrumpfung von d_a und d_f sind näherungsweise jeweils auf Basis der abgeleiteten formelmäßigen Zusammenhänge beschreibbar, vgl. Bild 6-11 links unten

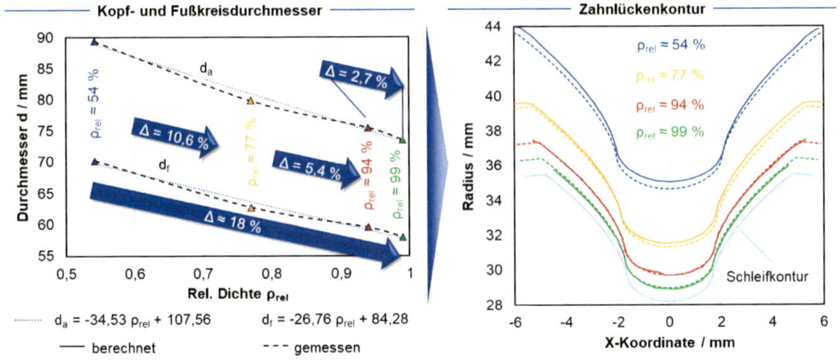

Bild 6-11: Vorhersage der Sinterschwindung des Zahnlückenprofils

Prediction of Sintering Shrinkage of the Tooth Gap Profile

Ausgehend von der prozentual ermittelten Schwindung der Varianten wurde basierend auf der Sollgeometrie einer Zahnradlücke nach dem Schleifen (Bild 6-11 rechts, hellblaue Kontur) die jeweilige Zahnlückenkontur der Varianten berechnet (durchgängige Linie) und der gemessenen Istkontur der Lücke (gestrichelte Linie) gegenübergestellt. Mit zunehmender relativer Dichte des Zahnrades steigt die qualitative Übereinstimmung der berechneten und gemessenen Zahnlückenprofile, da die Profile auf Basis des konsolidierten (gesintert und geschliffenen) Zahnrades berechnet wurden. Somit ist für diese Zahnradgeometrie auf Basis des Kopf- und Fußkreisdurchmessers des Grünteils eine qualitative Abschätzung der Sinterschwindung in Abhängigkeit von der relativen Dichte möglich. Da schon in der Vorauslegung durch die Kenntnis der Skalierungsfaktoren SF_i Kopf- und Fußkreisdurchmesser des Zahnradgrünteils errechnet werden können, ist auch das Zahnlückenprofil nach der Sinterung auf die Zieldichte qualitativ vorhersagbar.

6.8 Fazit

Conclusion

Im Folgenden werden die für den Druckprozess optimierten Parameter zur Fertigung von Binder Jetting Zahnrädern aus dem nichtrostenden Edelstahl 17-4PH zusammengefasst. Ausgehend von den in Kapitel 5.2.3 beschriebenen Prozessparametern bei konstanter Pulverauftragsgeschwindigkeit v_p = 50 mm/s sowie zweiseitigem Pulverauftrag und einer eingebrachten Bindermenge vom Dark-Level 1 (56,25 % der maximal einbringbaren Bindermenge), waren aufgrund von Rissbildung sowohl nach dem Entbindern als auch dem Sintern weitere Anpassungen - zum einen im Druckprozess und zum anderen konstruktiver Art - notwendig. Die Pulverauftragsgeschwindigkeit wurde daher bei konstant bleibender Schichtdicke D_s = 42 µm auf v_p = 40 mm/s reduziert. Auf diese Weise wurde eine größere Menge Pulver ins Pulverbett eingebracht und die Grünteildichte nahm zu. Nach Verringerung der Pulverauftragsgeschwindigkeit v_p wurde eine mittlere Grünteildichte ρ_{rel} = 53,4 % prozesssicher erreicht. Zudem wurde für die Binder Jetting Zahnradfertigung eine Binderauftragsgeschwindigkeit v_d = 200 mm/s bei einem Dark-Level 1 (56,25 % aller Pixel) validiert. Diese Parameter wurden hinsichtlich Konturgenauigkeit, geringer Prozessstreuung und Wirtschaftlichkeit bewertet. Aufgrund vereinzelter Spannungsrisse im Zahnrad sowohl nach dem Entbindern als auch nach dem Sintern wurden zusätzlich konstruktive Stützstrukturen entwickelt. Diese Elemente dienen vornehmlich bei den nachgelagerten Wärmebehandlungsprozessen als Support und minimieren die Gefahr von Rissbildung. Die Prozessstabilität des Entbinderns und Sinterns konnte vor allem durch die zur Hilfenahme einer Netzscheibe zwischen Zahnrad und der keramischen Sinterunterlage deutlich erhöht werden. Die Nutzung der Netzscheibe diente der Reduzierung der aus der Schrumpfung resultierenden Reibung zwischen dem Kompaktbauteil Zahnrad und der keramischen Sinterfläche. Nach der Sinterung wurde an keinem Zahnrad ein sichtbarer Defekt, sprich Bauteilrisse, detektiert. Aufgrund des in der geometrischen Analyse nach dem Sintern detektierten Untermaßes auf den Zahnflanken respektive eines zu geringen Schleifaufmaßes wurden die in den Voruntersuchungen abgeschätzten Skalierungsfaktoren in der Größenordnung Δ = 3,43 % erhöht, um der Sinterschwindung vorzubeugen. Mit der Erhöhung der Skalierungsfaktoren ging eine Erhöhung der Bindermenge sowie eine Verlängerung des Curingprozesses einher. Insgesamt wurden in der Buildbox während eines Druckes vier Zahnräder der verwendeten Geometrie inklusive der Stützstrukturen gleichzeitig gefertigt. Dazu wurden bei einer Schichtanzahl von # ≈ 800 in etwa m_{Binder} = 300 g Binder und m_{Pulver} ≈ 8,6 kg Pulver (ein Drittel neues und zwei Drittel recyceltes Werkstoffpulver) benötigt. Die reine Druckzeit betrug t = 10:51 Stunden, vgl. **Bild 6-12**. Ebenso ist die Anordnung der Zahnräder in der Buildbox sowie die für die Zahnradfertigung mittels Binder Jetting notwendigen konstruktiven Stützstrukturen in Bild 6-12 dargestellt. Die Netzscheibe ist wegen besserer Visualisierung des Zylinders in der Bohrung (Minimierung Rissbildung Curing) bei den beiden vorne angeordneten Zahnrädern ausgeblendet worden.

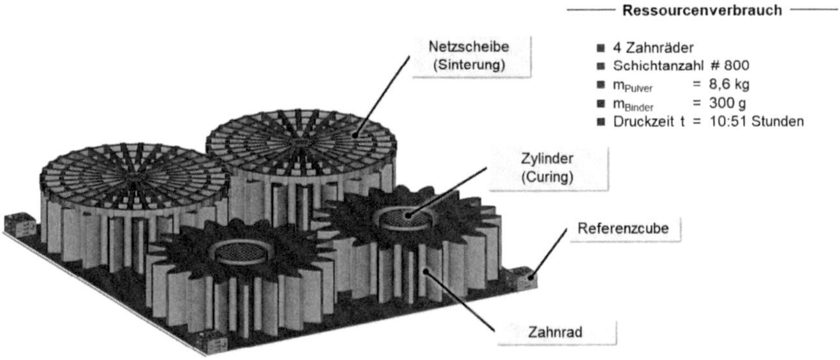

Bild 6-12: Anordnung der Zahnräder in der Buildbox und Ressourcenverbrauch
Arrangement of the Gears in the Buildbox and Resource Consumption

Resultierend aus den bisherigen Erkenntnissen der Entbinderung in einem Muffelofen und der Sinterung in einem Retortenofen wurden im Folgenden die Zahnräder bei identischen Prozessbedingungen in Schutzgasatmosphäre (Wasserstoff H_2) in einem Durchlaufofen entbindert und gesintert. Die maximale Sintertemperatur der Zahnräder aus 17-4PH betrug bei einer relativen Sinterdichte ρ_{rel} = 99 % T_S = 1370 °C. Die gesinterten Zahnräder waren alle vollständig schadensfrei nach der Sinterung und verfügten über ein ausreichendes Schleifaufmaß. Des Weiteren wurde durch einen externen Dienstleister der Sinterprozess zum Erreichen relativer Dichten von ρ_{rel} = 77 % und ρ_{rel} = 94 % ausgelegt. Resultierend aus der geometrischen Analyse des Zahnradgrünteils und der gesinterten Zahnradvarianten wurde qualitativ eine nahezu lineare Abnahme des Kopf- und Fußkreisdurchmessers hinsichtlich der Zahnraddichte - resultierend aus der Sinterschwindung - detektiert. Eine Gesetzmäßigkeit, gültig für die in dieser Arbeit verwendete Zahnradgeometrie, wurde formelmäßig abgeleitet. Ausgehend von der prozentual ermittelten Schwindung der Varianten wurde basierend auf der Sollgeometrie einer Zahnradlücke nach dem Schleifen die jeweilige Zahnlückenkontur der Varianten berechnet. Da eine nachgelagerte Wärmebehandlung nicht durchgeführt wurde, wurden die Zahnräder nach dem Sintern plan- und bohrungsgeschliffen und anschließend auf einer Verzahnungsschleifmaschine vom Typ KAPP KX 500 FLEX profilgeschliffen. Aufgrund des teilweise hohen Aufmaßes im Bereich des Zahnfußes und des Zahnkopfes wurde die Endgeometrie zur Vermeidung von Schleifbrand in zwei Schrupphüben (v_c = 35 m/s, f = 2200 mm/min) und einem

Schlichthub hergestellt. Die Charakterisierung und Dokumentation der fertigungsbedingten Bauteileigenschaften wie auch die Bewertung der Leistungsfähigkeit der Binder Jetting Zahnräder hinsichtlich der kritischeren Zahnfußtragfähigkeit erfolgt in Kapitel 7. Die Vielzahl an unterschiedlichen Anpassungen entlang der Prozesskette ermöglichte die reproduzierbare und rissfreie Fertigung von Zahnrädern.

7 Zahnfußtragfähigkeit von Binder Jetting Zahnrädern

Tooth Bending Strength of Binder Jetting Gears

Nach der Hartfeinbearbeitung wurden die Verzahnungsqualität sowie die Zahnfuß- und Zahnflankenrauheit der Binder Jetting Zahnräder gemessen. Die Ergebnisse werden im folgenden Kapitel beschrieben. Zudem wurden Gefügeschliffe analysiert sowie Härte- und Eigenspannungsmessungen durchgeführt. Darüber hinaus beschreibt das folgende Kapitel die Ergebnisse der Zahnfußtragfähigkeitsuntersuchungen der Binder Jetting Zahnräder mit einer relativen Sinterdichte von ρ_{rel} = 99 % und ρ_{rel} = 94 %. Auf diese Weise wird der Einfluss der Bauteildichte der Binder Jetting Zahnräder auf die Zahnfußtragfähigkeit analysiert. Zur Bewertung der Leistungsfähigkeit und der Einordnung der mittels Binder Jetting gefertigten Zahnräder aus 17-4PH in den Stand der Technik erfolgt der Abgleich mit Ergebnissen der schmelzmetallurgischen, konventionell gefertigten Referenzverzahnung gleichen Werkstoffes (X5CrNiCuNb16-4, Werkstoffnummer 1.4542) und gleicher Geometrie. Sämtliche gefertigte Zahnräder wurden hinsichtlich der Zahnfußtragfähigkeit im Zeit- und Dauerfestigkeitsbereich untersucht und je Variante wurde eine Wöhlerlinie ermittelt.

7.1 Bauteilcharakterisierung

Characterization of the Component

Im Folgenden werden sowohl die mittels Binder Jetting gefertigten Zahnräder mit einer Sinterdichte von ρ_{rel} = 99 % und ρ_{rel} = 94 % als auch die schmelzmetallurgische, konventionell gefertigte Referenzverzahnung gleichen Werkstoffes hinsichtlich der geometrischen Gestalt und des Gefüges metallografisch charakterisiert. Darüber hinaus werden Härte- und Eigenspannungsmessungen an den jeweiligen Zahnrädern durchgeführt.

7.1.1 Binder Jetting Zahnräder aus 17-4PH

Binder Jetting Gears made of 17-4PH

Die Zahnräder (ρ_{rel} = 99 %) wurden nach dem Sintern auf einer Verzahnungsschleifmaschine vom Typ KAPP KX 500 FLEX profilgeschliffen. Aufgrund des teilweise hohen Aufmaßes im Bereich des Zahnfußes und des Zahnkopfes, vgl. Kapitel 6.5, wurde die Endgeometrie in zwei Schrupphüben und einem Schlichthub geschliffen. Zur Charakterisierung und Dokumentation der fertigungsbedingten Bauteileigenschaften erfolgte im ersten Schritt die Analyse der geometrischen Eigenschaften, wozu die Verzahnungsqualität sowie die Oberflächengüte am fertigen Bauteil untersucht wurde. Auf der Verzahnungsmessmaschine vom Typ P65 der Firma KLINGELNBERG wurde die Verzahnungsqualität messtechnisch erfasst. In **Bild 7-1** sind die Ergebnisse der Verzahnungsmessung der Binder Jetting Zahnräder nach der Hartfeinbearbeitung zusammengefasst. Die Messung wurde an allen vorliegenden BJT Zahnrädern durchgeführt, um eine möglichst gute statistische Absicherung der Auswertung zu erreichen. Zusätzlich wurden zur Profil-Winkelabweichung $f_{H\alpha}$, Profil-Formabweichung $f_{f\alpha}$, Flankenlinien-Winkelabweichung $f_{H\beta}$ und Flankenlinien-Formabweichung $f_{f\beta}$, die Einzel- und Summenteilungsfehler $f_{p,max}$ und F_P sowie der Rundlauffehler F_R gemessen.

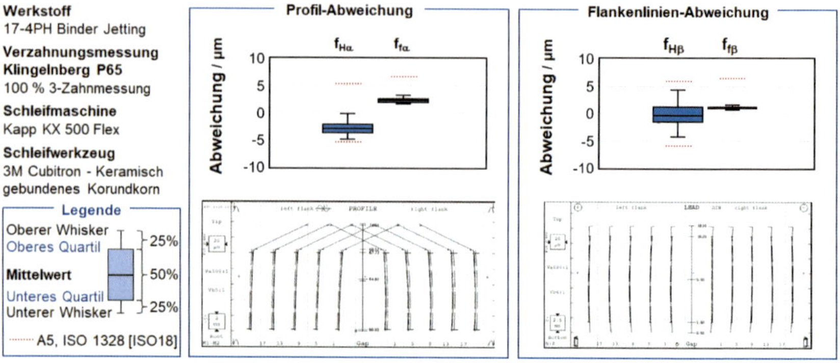

Bild 7-1: Ergebnisse der Verzahnungsmessung nach der Hartfeinbearbeitung der Binder Jetting Zahnräder aus 17-4PH (ρ_{rel} = 99 %)

Gear Measurements after Hard Machining of the BJT Gears made of 17-4PH (ρ_{rel} = 99 %)

Die Messwerte wurden mittels eines Boxplotdiagramms ausgewertet. Die Box umfasst die mittleren 50 % der Messdaten. Für den Wert der Untergrenze (1. Quartil) der Box gilt, dass 25 % der Werte kleiner oder gleich dem Wert sind. Analog ist die Boxobergrenze (3. Quartil) der kleinste Wert der Datenreihe, für welchen gilt, dass maximal 25 % der Werte diesen Grenzmesswert übertreffen. In Profil- und Flankenlinienrichtung lagen sämtliche Werte innerhalb der Qualitätsklasse 5 nach ISO 1328-1:2018-03 [ISO18]. Exemplarische Messschriebe eines Profils sowie einer Flankenlinie sind in Bild 7-1 dargestellt. Sowohl die Teilungsabweichungen als auch der Rundlauf entsprachen ebenfalls der Qualitätsklasse 5 nach ISO 1328-1:2018-03 [ISO18].

Zusätzlich wurde mittels des taktilen Rauheitsmessgerätes der Firma JENOPTIK vom Typ HOMMEL ETAMIC NANOSCAN 855 die Rauheit des jeweiligen Zahnprofils nach dem Schleifen messtechnisch erfasst. Die Auswertung der Rauheitskennwerte und Messschriebe erfolgte gemäß DIN EN ISO 21920-3:2022-12 in Profilrichtung [DIN22b]. Insgesamt wurden pro Zahnrad sechs Rauheitsmessungen durchgeführt. Von drei gleichmäßig über den Umfang verteilten Zähnen wurde eine Rauheitsmessung sowohl an der rechten als auch der linken Flanke aufgenommen. Der Mittelwert aller Messungen der gemittelten Rautiefe Rz betrug beim Binder Jetting nach dem Sintern Rz = 35,8 µm, der arithmetische Mittenrauwert Ra = 6,6 µm. Durch die Hartfeinbearbeitung konnte die Rauheit auf Rz = 2,3 µm und Ra = 0,3 µm reduziert werden. Die Rauheiten in den geschliffenen Zahnfüßen sämtlicher untersuchter Zahnräder lagen ebenfalls in diesem Wertebereich.

Nach dem Verzahnungsschleifen wurde einem Zahnrad durch Erodieren ein Doppelzahnsegment entnommen und zur Eigenspannungsmessung herangezogen. Dabei wurde auf einem Röntgendiffraktometer vom Typ STRESSTECH XSTRESS 3000 mithilfe sukzessiven elektrochemischen Abpolierens der Eigenspannungstiefenverlauf in der Zahnfußrundung im Bereich der 30°-Tangente ermittelt. Die Eigenspannungen wurden in tangentialer (= Zahnhöhen-) Richtung und in axialer (= Zahnbreiten-) Richtung gemessen sowie auf dieser Grundlage die Hauptspannung σ_1 nach dem MOHR´schen Spannungskreis errechnet. Als Vergleichsgröße wurde neben der Hauptspannung σ_1 an dieser Stelle die Eigenspannung τ in tangentialer Richtung dargestellt, da diese Richtung der Belastungsrichtung im Bauteilbetrieb entspricht. Bis zu einem Randabstand von $x_{Rand} < 30$ µm war der Verlauf der Hauptspannung nahezu deckungsgleich mit dem Verlauf der in tangentialer Richtung wirkenden Spannung. Nach anfänglichen Druckeigenspannungen waren ab einem Randabstand von $x_{Rand} > 20$ µm lediglich Zugeigenspannungen im BJT Zahnrad zu detektieren. Die randnah gemessenen maximalen Druckeigenspannungsbeträge - resultierend aus der Hartfeinbearbeitung - lagen bei $\sigma_1 = -199$ MPa und $\tau = -324$ MPa, die maximalen Zugeigenspannungsbeträge von $\sigma_1 = 313$ MPa und $\tau = 137$ MPa im Bereich $x_{rand} \approx 33$ µm, vgl. **Bild 7-2** rechts.

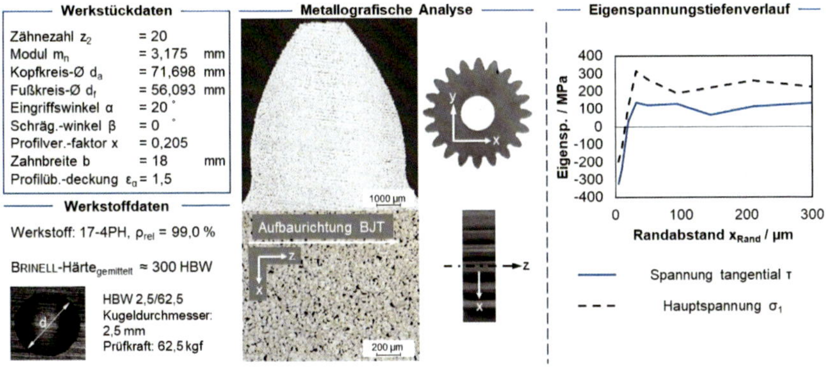

Bild 7-2: Metallografische Analyse und Eigenspannungstiefenverlauf des Binder Jetting Zahnrades aus 17-4PH ($\rho_{rel} = 99$ %)

Metallographic Analysis and Residual Stress Depth Profile of the Binder Jetting Gear made of 17-4PH ($\rho_{rel} = 99$ %)

Darüber hinaus war aus dem Eigenspannungsverlauf ersichtlich, dass sich für die jeweils äußersten Messpunkte deutliche Erhöhungen des Druckeigenspannungsbetrags verzeichnen ließen. Diese (äußerste) Randzonenverfestigung ist auf die mechanische Energieeinwirkung durch den Schleifprozess zurückzuführen und aus dem Stand der Technik für konventionell hergestellte Zahnräder bekannt [REIM14]. Hinsichtlich der Tragfähigkeit von Zahnrädern ist ein positiver Einfluss von Druckeigenspannungen im Randbereich bekannt, da diese die Vergleichsspannung reduzieren und das Risswachstum verlangsamen [KLOO76, KÖCH96, KLOC24]. Zugeigenspannungen gehen als positive Anteile in die Vergleichsspannung ein und reduzieren die Lebensdauer eines Bauteils [KÖCH96].

Des Weiteren wurde das Gefüge der additiv gefertigten Zahnräder mittels lichtmikroskopischer Aufnahmen metallografisch analysiert, vgl. Bild 7-2 Mitte. Das BJT Zahnrad wurde achsparallel zur Stirnfläche aufgetrennt und untersucht. Die obere Abbildung zeigt den Gefügeschliff durch eine Zahnradflanke, die untere bildet den dazu um 90° versetzten Schliff eines Zahns in Aufbaurichtung ab. Im Schliffbild sind bei der Analyse Poren und nahezu gleichmäßige, gerade Korngrenzen detektierbar. In Aufbaurichtung ist eine gleichmäßige Verteilung der Porosität im Bauteil ersichtlich. Der schichtweise Aufbau bzw. anisotrope Bindefehler sind nicht zu detektieren. Eine Härtemessung nach BRINELL gemäß DIN EN ISO 6507-1:2018-07 [DIN18a] wurde an sechs Punkten auf der Flanke eines hartfein bearbeiteten Zahnrades ausgewertet. Die minimale Härte war 290 HBW, die maximale Härte 319 HBW und die mittlere Härte 300 HBW. Die Prüfkraft betrug 62,5 kgf bei einem Kugeldurchmesser von d = 2,5 mm.

Zur Analyse des Einflusses der Bauteildichte auf die Zahnfußtragfähigkeit wurden Zahnräder aus dem Werkstoff 17-4PH mittels Binder Jetting nach der Fertigung auf eine relative Zieldichte ρ_{rel} = 94 % gesintert und mittels Profilschleifen innerhalb der Qualitätsklasse 5 nach ISO 1328-1:2018-03 bearbeitet [ISO18]. Die Charakterisierung erfolgte im gleichen Umfang und wird im Folgenden kurz zusammengefasst, vgl. **Bild 7-3**.

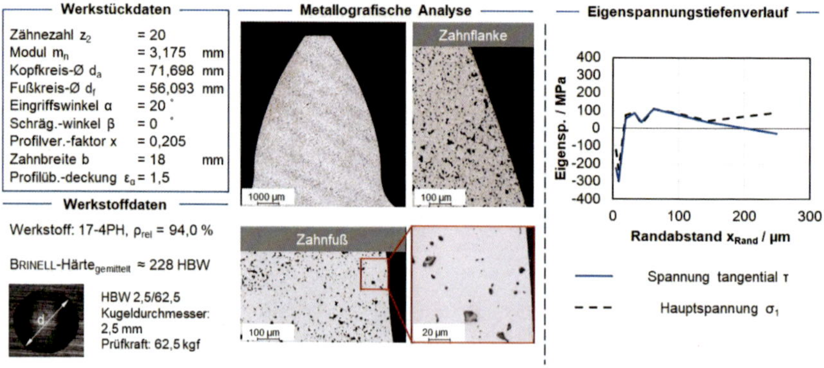

Bild 7-3: Metallografische Analyse und Eigenspannungstiefenverlauf des Binder Jetting Zahnrades aus 17-4PH (ρ_{rel} = 94 %)

Metallographic Analysis and Residual Stress Depth Profile of the Binder Jetting Gear made of 17-4PH (ρ_{rel} = 94 %)

Der Mittelwert aller Rz-Messungen betrug nach dem Sintern Rz = 41,2 µm, der arithmetische Mittenrauwert Ra = 8,0 µm und war somit höher als bei den BJT Zahnrädern mit einer relativen Dichte ρ_{rel} = 99 %. Dies war auf die geringere Schwindung, vgl. Kapitel 6.7, zurückzuführen. Durch die Hartfeinbearbeitung konnte die Rauheit auf Rz = 2,1 µm und Ra = 0,3 µm reduziert werden. Der Eigenspannungstiefenverlauf der Hauptspannung σ_1 in der Zahnfußrundung im Bereich der 30°-Tangente war nahezu deckungsgleich mit dem Verlauf der in tangentialer Richtung wirkenden Spannung τ. Qualitativ glichen die jeweiligen Verläufe denen des BJT Zahnrades mit einer relativen Dichte ρ_{rel} = 99 % auf einem betragsmäßig geringeren Spannungsniveau. Im Bauteil war aufgrund der gleichmäßig im Bauteil verteilten Porosität (ε_P = 6 %, Bild 7-3 Mitte) keine ausgeprägte Richtungsabhängigkeit von den Eigenspannungen detektierbar. Nach anfänglichen Druckeigenspannungen waren ab einem Randabstand von x_{Rand} > 20 µm Zugeigenspannungen im BJT Zahnrad zu detektieren. Die randnah gemessenen maximalen Druckeigenspannungsbeträge lagen bei σ_1 = -232 MPa und τ = -298 MPa, die Zugeigenspannungsbeträge im Bereich unterhalb von σ_1 = 100 MPa mit vereinzelten Ausreißern. Die Ausreißer waren zum einen auf die Messwertstreuung von üblicherweise $\Delta\sigma_1$ = ± 50 MPa zurückzuführen und zum anderen auf inhomogene Gefügebereiche (Bild 7-3 Mitte), bei denen die Streuung lokal teilweise deutlich größer ausfiel. Eine Härtemessung nach BRINELL gemäß DIN EN ISO 6507-1:2018-07 [DIN18a] wurde ebenso an sechs Punkten auf der Flanke eines hartfein bearbeiteten Zahnrades ausgewertet. Die minimale Härte war 217 HBW, die maximale Härte 237 HBW und die mittlere Härte 228 HBW.

7.1.2 Konventionelle Stahlzahnräder (Referenz) aus 17-4PH

Conventionally manufactured Gears (Reference) made of 17-4PH

Nach der Weichbearbeitung (Sägen, Drehen, Wälzfräsen) wurden die schmelzmetallurgischen Zahnräder (Referenz) ebenso auf der Verzahnungsschleifmaschine vom Typ KAPP KX 500 FLEX in zwei Schrupphüben und einem Schlichthub profilgeschliffen. Eine nachgelagerte Wärmebehandlung des Edelstahls war in Analogie zur Binder Jetting Fertigung nicht Teil der Prozesskette. Nach dem Schleifen war kein Schleifbrand detektierbar. Die Charakterisierung der Zahnräder erfolgte analog zu den additiv gefertigten Binder Jetting Zahnrädern im vorherigen Kapitel 7.1.1. Die Verzahnungsqualität wurde messtechnisch erfasst. In Profil- und Flankenlinienrichtung lagen sämtliche Werte innerhalb der Qualitätsklasse 5 nach ISO 1328-1:2018-03 [ISO18]. Sowohl die Teilungsabweichungen als auch der Rundlauf entsprachen ebenfalls der Qualitätsklasse 5 nach ISO 1328-1:2018-03 [ISO18]. Die Auswertung der Rauheitskennwerte und Messschriebe erfolgte gemäß DIN EN ISO 21920-3:2022-12 in Profilrichtung [DIN22b]. Der Mittelwert aller Rz-Messungen betrug nach der Hartfeinbearbeitung im Zahnfuß und an den Zahnflanken Rz = 2,1 µm, der arithmetische Mittenrauwert Ra = 0,3 µm. Sowohl die Verzahnungsqualität als auch die Kennwerte der Oberflächencharakterisierung entsprachen denen der Binder Jetting Zahnräder.

Der Eigenspannungstiefenverlauf (Hauptspannung σ_1 und Eigenspannung τ in tangentialer Richtung) wurde an der 30°-Tangente eines Doppelzahnsegmentes eines geschliffenen Zahnrades auf dem Röntgendiffraktometer vom Typ STRESSTECH XSTRESS 3000 ermittelt, vgl. **Bild 7-4** rechts. Der Verlauf der Hauptspannung war qualitativ ähnlich zum Verlauf der in tangentialer Richtung wirkenden Spannung. Die jeweiligen Verläufe wichen ab einem Randabstand von x_{Rand} > 50 µm voneinander ab.

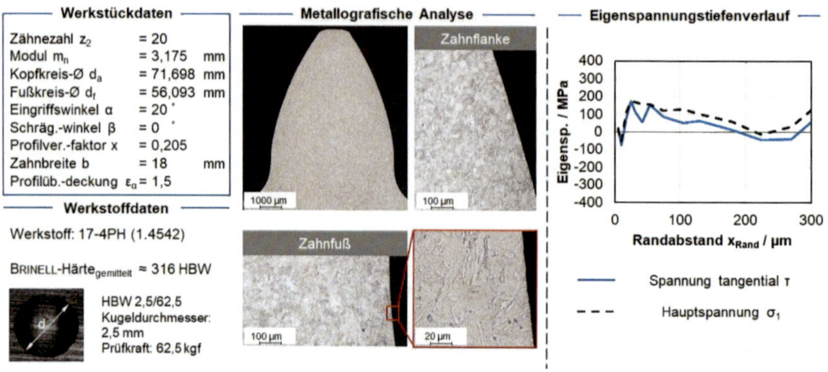

Bild 7-4: Metallografische Analyse und Eigenspannungstiefenverlauf des konventionell gefertigten Zahnrades aus 17-4PH

Metallographic Analysis and Residual Stress Depth Profile of conventionally manufactured Gear made of 17-4PH

Die Beträge der Hauptspannungen σ_1 und der Eigenspannung τ in tangentialer Richtung lagen infolge der Fertigung mit geometrisch bestimmter Schneide (Wälzfräsen) im Zugspannungsbereich, fallen jedoch zügig und liegen ab einem Randabstand von ca. x_{Rand} > 5 µm im Druckspannungsbereich [KOHL11]. Die Eigenspannungen im Druckspannungsbereich waren beim konventionellen Referenzzahnrad mit σ_1 = -55 MPa und τ = -74 MPa deutlich geringer verglichen mit den BJT Zahnrädern (vgl. Bild 7-2). Die Zugeigenspannungsbeträge an der Oberfläche (t_{rand} > 20 µm) schwankten im Bereich σ_1 = 0 - 175 MPa.

Des Weiteren wurde das Gefüge der Zahnräder mittels lichtmikroskopischer Aufnahmen metallografisch analysiert, vgl. Bild 7-4 Mitte. Das Gefüge war innerhalb des analysierten Zahns homogen. Eine Härtemessung nach BRINELL gemäß DIN EN ISO 6507-1:2018-07 [DIN18a] wurde an sechs Punkten auf der Flanke eines hartfein bearbeiteten Zahnrades ausgewertet. Die minimale Härte war 313 HBW, die maximale Härte 319 HBW und die mittlere Härte 316 HBW. Die mittlere Härte der Binder Jetting Zahnräder mit einer relativen Dichte ρ_{rel} = 99 % wurde zu 300 HBW und die mit ρ_{rel} = 94 % zu 228 HBW gemessen - somit war die Härte des konventionell gefertigten Zahnrads bei gleichzeitig geringer Streuung aufgrund fehlender Porosität um Δ = 5,3 % höher als die Härte des BJT Zahnrads mit einer relativen Dichte ρ_{rel} = 99 %. Die Härte gegenüber dem BJT Zahnrad mit einer relativen Dichte ρ_{rel} = 94 % war Δ = 38,6 % höher.

7.2 Untersuchung der Zahnfußtragfähigkeit

Investigation of the Tooth Bending Strength

Die experimentellen Untersuchungen sowohl der mittels BJT als auch konventionell gefertigten und geschliffenen Zahnräder aus 17-4PH hinsichtlich der Zahnfußtragfähigkeit wurden auf einem Pulsatorprüfstand, vgl. Kapitel 4.4, durchgeführt. Eine Wöhlerlinie wurde jeweils - beginnend mit den Binder Jetting Zahnrädern mit relativer Dichte ρ_{rel} = 99 %, gefolgt von denen mit relativer Dichte ρ_{rel} = 94 % zur Untersuchung des Einflusses der Bauteildichte auf die Tragfähigkeit sowie abschließend den konventionell gefertigten Zahnrädern - abgeleitet. Werkstoffwissenschaftliche Einflüsse (beispielsweise durch die gezielte Auslegung der Wärmebehandlungsprozesse) auf die Zahnfußtragfähigkeit wurden im Rahmen der Arbeit nicht systematisch untersucht.

7.2.1 Binder Jetting Zahnräder aus 17-4PH

Binder Jetting Gears made of 17-4PH

Zur Beschreibung der Leistungsfähigkeit der Binder Jetting Zahnräder (ρ_{rel} = 99 %) wurden 10 Versuche im zeitfesten Lastbereich mittels Horizontenverfahren [ZENN98] auf zwei Laststufen sowie 14 Versuche am Übergang zum dauerfesten Lastbereich im Treppenstufenverfahren [DIXO48] auf einem Pulsator durchgeführt. Die nach HÜCK ausgewertete Treppenstufe [HÜCK83] des dauerfesten Bereiches der Binder Jetting Zahnräder aus 17-4PH (ρ_{rel} = 99 %) ist in **Bild 7-5** dargestellt. Die Grenzschwingspielzahl für die Zahnfußtragfähigkeit wurde nach ISO 6336-3:2019-11 auf $N_G = 3 \cdot 10^6$ Lastwechsel (LW) festgelegt [ISO19]. Somit ist auch die Vergleichbarkeit mit Ergebnissen der Voruntersuchungen der Binder Jetting Zahnräder gewährleistet vgl. Kapitel 5.

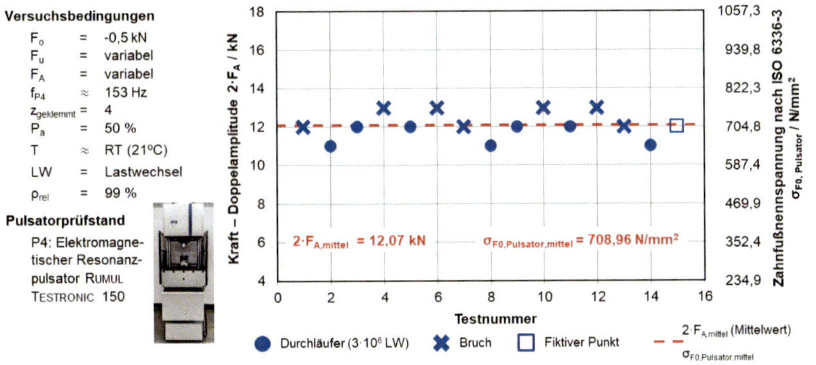

Bild 7-5: Treppenstufe für die BJT Zahnräder aus 17-4PH (ρ_{rel} = 99 %) nach HÜCK [HÜCK83]

Endurance Limit for BJT Gears made of 17-4PH (ρ_{rel} = 99 %) according to HÜCK [HÜCK83]

Der fiktive Punkt bildete den 15. Versuchspunkt. Der Laststufensprung pro Doppelamplitude betrug $\Delta 2 \cdot F_A$ = 1 kN. Auf der Y-Achse ist zum einen die Kraft der Doppelamplitude $2 \cdot F_A$, welche die Schwingbreite angibt, und zum anderen die nach ISO 6336-3:2019-11 [ISO19] errechnete örtliche Zahnfußnennspannung σ_{F0} aufgetragen. Die Zahnfußnennspannung beschreibt die örtliche Belastung im Zahnfuß an der 30°-Tangente. Die Prüffrequenz des Pulsatorprüfstandes lag bei $f_{P4} \approx$ 153 Hz und somit unter der kritischen Prüffrequenz von f_{krit} = 200 Hz, unterhalb derer keine Einflüsse der Prüffrequenz auf die Ergebnisse zu erwarten sind [ISSL06]. Der Mittelwert der Doppelamplitude lag bei $2 \cdot F_{A,mittel}$ = 12,07 kN, sowie einer errechneten Zahnfußnennspannung [ISO19] $\sigma_{F0,Pulsator,mittel}$ = 708,96 N/mm². Der Mittelwert der Doppelamplitude entspricht dem Dauerfestigkeitskennwert für eine Ausfallwahrscheinlichkeit von P_a = 50 %. Zur Ermittlung der Zeitfestigkeit ($N_G < 3 \cdot 10^6$ LW) wurden gemäß dem Horizontenverfahren auf den zwei Lastniveaus $2 \cdot F_{A,1}$ = 18 kN, sowie $2 \cdot F_{A,2}$ = 15 kN jeweils fünf Versuchsläufe durchgeführt [ROSS64, ZENN98, MART11a, MART11b]. Nach der Übertragung der Wertepaare von Ausfallwahrscheinlichkeit P_a (Y-Achse) und Lastwechselspielzahl N (X-Achse) in ein Wahrscheinlichkeitsnetz der logarithmischen Normalverteilung wurden die Ausgleichsgeraden für die Zeitfestigkeit gezeichnet, vgl. **Bild 7-6**.

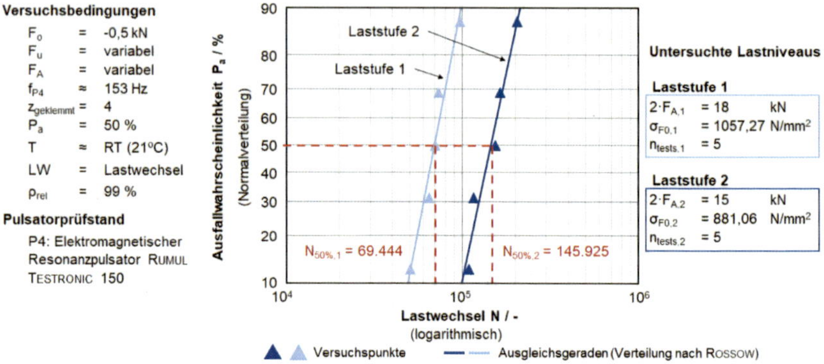

Bild 7-6: Zeitfestigkeit der BJT Zahnräder aus 17-4PH (ρ_{rel} = 99 %) nach dem Horizontenverfahren

Fatigue Strength of the BJT Gears made of 17-4PH (ρ_{rel} = 99 %) according to the Horizon Method

Für das Lastniveau der Doppelamplitude von $2 \cdot F_{A,1}$ = 18 kN ergibt sich für eine Ausfallwahrscheinlichkeit P_a = 50 % eine mittlere Lastwechselzahl von $N_{50\%,1}$ = 69.444 LW [ZENN98]. Analog wurde für ein Lastniveau $2 \cdot F_{A,2}$ = 15 kN eine mittlere Lastwechselzahl von $N_{50\%,2}$ = 145.925 LW errechnet. Aus dem zuvor bestimmten Mittelwert der Dauerfestigkeit nach HÜCK [HÜCK83] von $2 \cdot F_{A,mittel}$ = 12,07 kN sowie den ermittelten Stützpunkten der Zeitfestigkeitsgerade der entsprechenden Laststufen wurde die Wöhlerlinie für die definierte Ausfallwahrscheinlichkeit P_a = 50 % im Zeit- und Dauerfestigkeitsbereich abgeleitet, vgl. **Bild 7-7**. Der Schnittpunkt der Zeitfestigkeits- und der Dauerfestigkeitsgeraden lag bei der Kraft der Doppelamplitude von $2 \cdot F_{A,mittel} = 2 \cdot F_{A,Pa=50\%}$ = 12,07 kN sowie einer Lastspielzahl von $N_{50\%,SP}$ = 353.631 LW. Grundsätzlich ist anzumerken, dass die Rissinitiierung, ursächlich für das Versagen im Zahnfußbereich, an der Oberfläche der 30°-Tangente lokalisiert wurde. Darüber hinaus waren auf den mikroskopischen Aufnahmen der Bruchflächen keine Poren erkennbar. Des Weiteren konnten keine Schwankungen der Zahnfußtragfähigkeit in Abhängigkeit von der Positionierung in der Buildbox beim Druck detektiert werden.

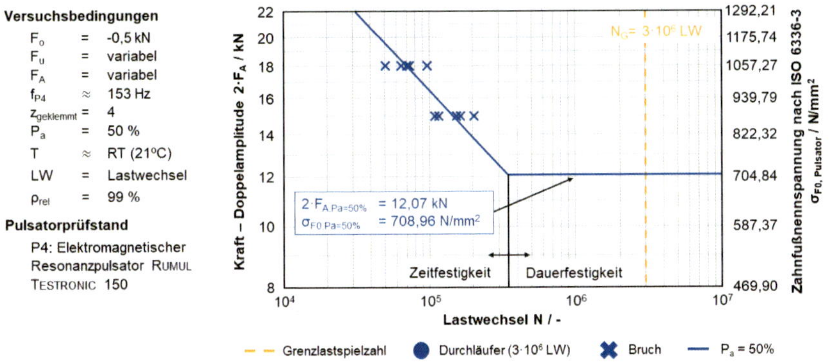

Bild 7-7: Wöhlerlinie der BJT Zahnräder aus 17-4PH (ρ_{rel} = 99 %)

SN-Curve of the BJT Gears made of 17-4PH (ρ_{rel} = 99 %)

7.2.2 Einfluss der Bauteildichte auf die Zahnfußtragfähigkeit

Influence of the Density regarding the Tooth Bending Strength

Zur Analyse des Einflusses der Bauteildichte auf die Zahnfußtragfähigkeit wurden Zahnräder aus dem Werkstoff 17-4PH mittels Binder Jetting nach der Fertigung auf eine relative Zieldichte ρ_{rel} = 94 % gesintert. Zur Beschreibung der Zahnräder wurden 16 Versuche am Übergang zum dauerfesten Lastbereich im Treppenstufenverfahren [DIXO48] durchgeführt. Der fiktive Punkt bildete den 17. Versuchspunkt. Die Prüffrequenz des Pulsatorprüfstandes lag bei $f_{P4} \approx$ 133 Hz. Die Treppenstufe nach [HÜCK83] des dauerfesten Bereiches der BJT Zahnräder (ρ_{rel} = 94 %) ist in **Bild 7-8** dargestellt.

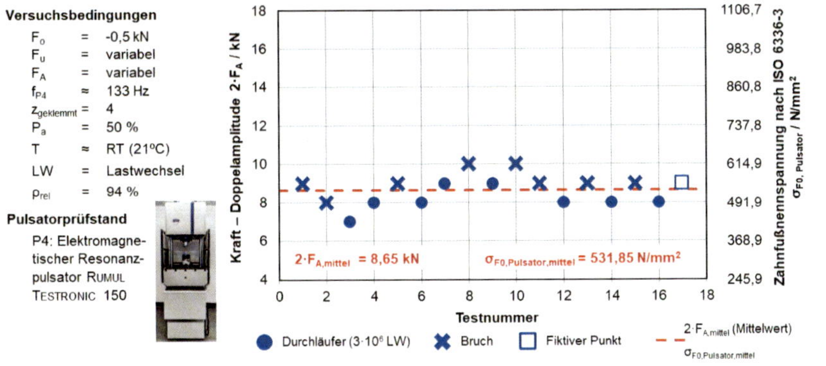

Bild 7-8: Treppenstufe für die BJT Zahnräder aus 17-4PH (ρ_{rel} = 94 %) nach HÜCK [HÜCK83]

Endurance Limit for BJT Gears made of 17-4PH (ρ_{rel} = 94 %) according to HÜCK [HÜCK83]

Der Mittelwert der Doppelamplitude lag bei $2{\cdot}F_{A,mittel}$ = 8,65 kN, sowie einer errechneten mittleren Zahnfußnennspannung [ISO19] $\sigma_{F0,Pulsator,mittel}$ = 531,85 N/mm². Der Abgleich mit den Tragfähigkeitsergebnissen der Binder Jetting Zahnräder mit einer mittleren relativen Dichte ρ_{rel} = 99 % zeigte eine Abnahme der Zahnfußnennspannung um nahezu Δ = 25 %. Anzumerken ist, dass aufgrund der erhöhten Bauteilporosität von ε_P = 6 % teilweise Brüche bei Lastwechselspielzahlen > 2 Mio. - somit nah an der Grenzlastspielzahl N_G - auftraten. Auf den Schliffbildern der Bruchflächen wurden keine Poren detektiert, welche initial das Versagen oder die Rissbildung verursacht haben könnten. Die Ableitung der Zeitfestigkeit ($N_G < 3{\cdot}10^6$ LW) [ROSS64, ZENN98, MART11b, MART11a] erfolgte durch jeweils fünf Versuchsläufe auf den zwei Lastniveaus $2{\cdot}F_{A,1}$ = 15 kN, sowie $2{\cdot}F_{A,2}$ = 13 kN, vgl. **Bild 7-9**.

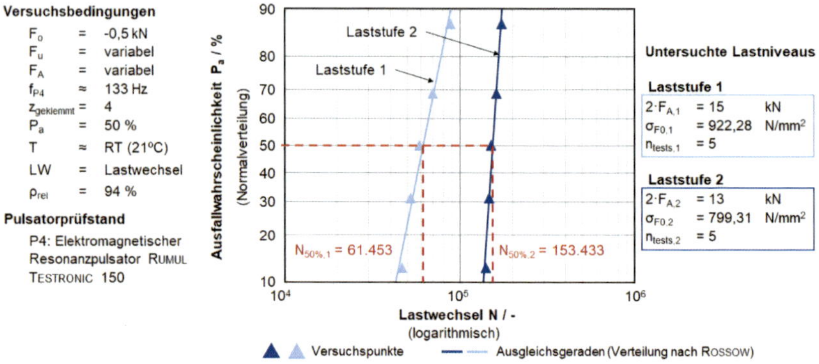

Bild 7-9: Zeitfestigkeit der BJT Zahnräder aus 17-4PH (ρ_{rel} = 94 %) nach dem Horizontenverfahren

Fatigue Strength of the BJT Gears made of 17-4PH (ρ_{rel} = 94 %) according to the Horizon Method

Für das Lastniveau der Doppelamplitude von $2{\cdot}F_{A,1}$ = 15 kN ergibt sich für eine Ausfallwahrscheinlichkeit P_a = 50 % eine mittlere Lastwechselzahl von $N_{50\%,1}$ = 61.453 LW [ZENN98]. Analog wurde für ein Lastniveau $2{\cdot}F_{A,2}$ = 13 kN eine mittlere Lastwechselzahl von $N_{50\%,2}$ = 153.433 LW errechnet. Anzumerken ist, dass auf dem Lastniveau $2{\cdot}F_{A,2}$ = 13 kN zwei Zahnräder (Ausreißer nach unten) bereits nach etwa N ≈ 40.000 LW versagten - somit wurden lediglich 26 % der Lastwechselspielzahlen verglichen mit $N_{50\%,2}$ = 153.433 LW erreicht. Die Ergebnisse dieser beiden Zahnräder sind im Zeitfestigkeitsdiagramm nicht aufgeführt. Aus dem zuvor bestimmten Mittelwert der Dauerfestigkeit nach HÜCK [HÜCK83] von $2{\cdot}F_{A,mittel}$ = 8,65 kN sowie den ermittelten Stützpunkten der Zeitfestigkeitsgerade $N_{50\%,1}$ = 61.453 LW und $N_{50\%,2}$ = 153.433 LW der entsprechenden Laststufen, wurde die Wöhlerlinie im Zeit- und Dauerfestigkeitsbereich abgeleitet, vgl. **Bild 7-10**.

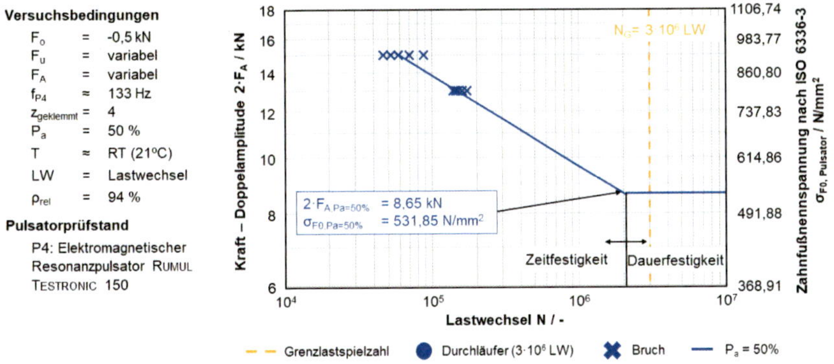

Bild 7-10: Wöhlerlinie der BJT Zahnräder aus 17-4PH (ρ_{rel} = 94 %)
SN-Curve of the BJT Gears made of 17-4PH (ρ_{rel} = 94 %)

Ähnlich der abgeleiteten Wöhlerlinie der dichtgewalzten BJT Zahnräder aus 316L mit einer relativen Dichte ρ_{rel} = 92 % (vgl. Voruntersuchungen im Kapitel 5.1.3) lag der Übergang vom zeitfesten in den dauerfesten Bereich bei $2 \cdot F_A$ = 8,65 kN (σ_{F0} = 531,85 N/mm^2) und N ≈ 2 Mio. Lastwechseln. Somit konnte auch bei Zahnrädern aus 17-4PH bei einer Dichte von ρ_{rel} = 94 % detektiert werden, dass bei erhöhter Porosität ein geringer Abstand der Knicklastspielzahl N in der Wöhlerlinie zu der gewählten Grenzlastspielzahl N_G auftritt.

Zur Vergleichbarkeit der Zahnfußtragfähigkeit im dauerfesten Lastbereich sind in **Bild 7-11** die Zahnfußnennspannungen sämtlicher in dieser Arbeit untersuchten Binder Jetting Zahnräder aufgetragen. Zusätzlich zu den im Kapitel 5 beschriebenen Ergebnissen der Voruntersuchungen hinsichtlich der Zahnfußtragfähigkeit der dichtgewalzten Zahnräder aus dem Werkstoff 316L (ρ_{rel} = 92 %) und der Zahnräder aus 17-4PH mit einer relativen Dichte von ρ_{rel} = 97,4 %, sind auch die Zahnfußnennspannungen der in diesem Kapitel 7.2 mit optimierten Prozessparametern gefertigten Zahnräder der relativen Dichten ρ_{rel} = 99,0 % und ρ_{rel} = 94 %, dargestellt. Auf der Y-Achse ist zur Vergleichbarkeit der Varianten die nach ISO 6336-3:2019-03 [ISO19] errechnete örtliche Zahnfußnennspannung σ_{F0} aufgetragen. Die Zahnfußnennspannung wurde in Abhängigkeit von der jeweils gemessenen Zahnfußgeometrie der Variante errechnet. Idealerweise ist die Zahnfußgeometrie aller Varianten deckungsgleich, jedoch waren resultierend aus den jeweiligen Prozessparameteranpassungen geringe Abweichungen im Vergleich zu den Voruntersuchungen möglich. Daher ist eine sinnvolle Einordnung aller Varianten nicht durch die Kraft der Doppelamplitude $2 \cdot F_A$ möglich.

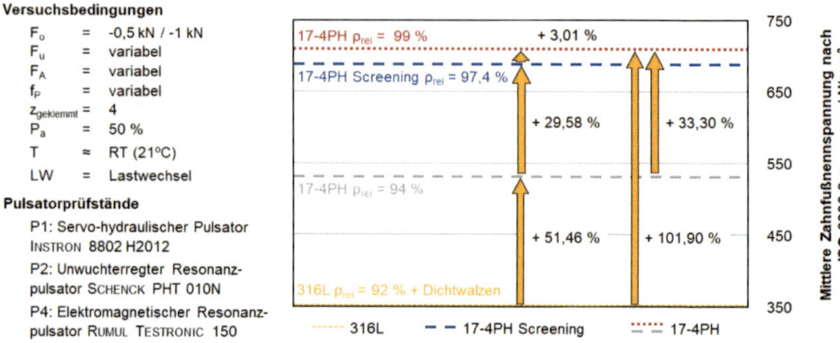

Bild 7-11: Vergleich der Zahnfußnennspannung sämtlicher BJT Zahnräder

Comparison of the Nominal Tooth Root Stress of all BJT Gears

Die Untersuchungen hinsichtlich der Zahnfußtragfähigkeit der Variante mit einer relativen Dichte von ρ_{rel} = 99 % zeigen eine leichte Erhöhung um Δ = 3,01 % der ertragbaren Lasten der Zahnräder gegenüber der in den Screening-Versuchen untersuchten Zahnräder aus 17-4PH (ρ_{rel} = 97,4 %), vgl. Bild 7-11. Die Steigerung der Zahnfußtragfähigkeit ist auf die wegen der Anpassung der Druckparameter erzielte höhere Dichte zurückzuführen. Vor allem jedoch konnte durch die Anpassungen der Parameter sichergestellt werden, dass ausschließlich rissfreie und für Untersuchungen nutzbare Zahnräder aus 17-4PH bei einer relativen Dichte von ρ_{rel} = 99 % reproduzierbar und prozesssicher gefertigt werden konnten. Gegenüber den Zahnrädern mit einer relativen Dichte von ρ_{rel} = 94 % wurde eine Tragfähigkeitserhöhung um Δ = 33,30 % erreicht. Beim Vergleich mit den Ergebnissen der Zahnräder aus dem Werkstoff 316L wurden bei sämtlichen Varianten aus 17-4PH deutliche Steigerungen in der Tragfähigkeit erzielt. Dies ist zum einen in den spezifischen Werkstoffcharakteristika und zum anderen in der Optimierung verschiedenster Prozessparameter begründet. Aufgrund der höchsten Zahnfußnennspannung der Zahnräder aus 17-4PH mit einer relativen Dichte ρ_{rel} = 99 % und den detektierten Schwankungen in den Ergebnissen zur Zahnfußtragfähigkeit bei erhöhter Bauteilporosität sollten Binder Jetting Zahnräder - auf Basis der wissenschaftlichen Untersuchungen in dieser Arbeit zum Druckprozess - mit möglichst hoher Bauteildichte gefertigt werden. Zur Einsparung von Gewicht oder dem Einbringen von für die Pulvermetallurgie typischen Dämpfungseffekten (NVH) aufgrund einer Bauteilporosität sollten zukünftig Untersuchungen hinsichtlich Radkörpermodifikationen bei nahezu volldichten Bauteilen respektive Zahnrädern durchgeführt werden.

7.2.3 Konventionelle Stahlzahnräder (Referenz) aus 17-4PH

Conventionally manufactured Gears (Reference) made of 17-4PH

Nach der Analyse der Zahnfußtragfähigkeit von Binder Jetting Zahnrädern aus dem Edelstahl 17-4PH bei einer relativen Dichte von ρ_{rel} = 99 % (Kapitel 7.2.1) und

ρ_{rel} = 94 % (Kapitel 7.2.2) wird im Folgenden die Zahnfußtragfähigkeit der schmelzmetallurgischen, konventionell gefertigten Referenzverzahnung gleichen Werkstoffes (X5CrNiCuNb16-4, Werkstoffnummer 1.4542) und identischer Geometrie ermittelt. Die Versuchsbedingungen, die Auswertung der Ergebnisse und deren schematische Darstellung erfolgt analog zu den Binder Jetting Zahnrädern. Zur Beschreibung der Leistungsfähigkeit wurden 10 Versuche im zeitfesten Lastbereich mittels Horizontenverfahren [ZENN98, MART11a, MART11b] auf zwei Laststufen sowie 15 Versuche am Übergang zum dauerfesten Lastbereich im Treppenstufenverfahren [DIXO48] auf einem Pulsator durchgeführt. Die Treppenstufe des dauerfesten Bereiches der konventionell gefertigten Zahnräder ist in **Bild 7-12** dargestellt. Der fiktive Punkt bildete den 16. Versuchspunkt.

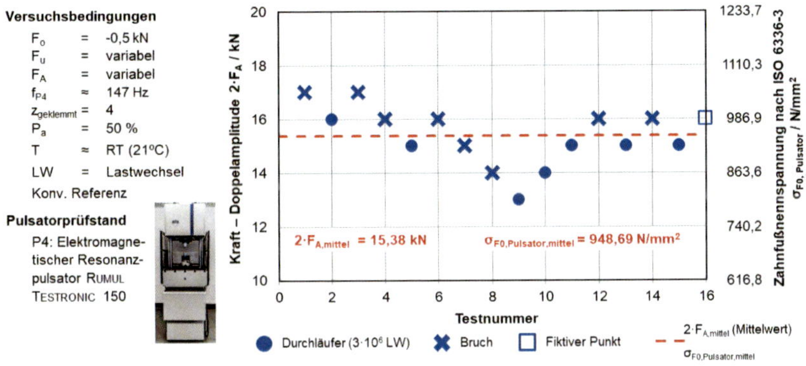

Bild 7-12: Treppenstufe für die konventionell gefertigten Zahnräder aus 17-4PH nach HÜCK [HÜCK83]

Endurance Limit for conventionally manufactured Gears made of 17-4PH according to HÜCK [HÜCK83]

Die Prüffrequenz des Pulsatorprüfstandes lag bei $f_{P4} \approx$ 147 Hz. Der Mittelwert der Doppelamplitude lag bei $2 \cdot F_{A,mittel}$ = 15,38 kN. Daraus resultierte eine nach [ISO19] errechnete mittlere Zahnfußnennspannung $\sigma_{F0,Pulsator,mittel}$ = 948,69 N/mm². Der Mittelwert der Doppelamplitude entspricht dem Dauerfestigkeitskennwert für eine Ausfallwahrscheinlichkeit von P_a = 50 %. Während der Versuche sind keine unerwarteten Früh- oder Spätausfälle bei hohen Lastwechseln (wie bei BJT ρ_{rel} = 94 %) aufgetreten. Zur Ermittlung der Zeitfestigkeit ($N_G < 3 \cdot 10^6$ LW) wurden gemäß dem Horizontenverfahren [ROSS64, ZENN98, MART11a, MART11b] auf den Lastniveaus $2 \cdot F_{A,1}$ = 24 kN und $2 \cdot F_{A,2}$ = 22 kN jeweils fünf Versuche durchgeführt, vgl. **Bild 7-13**. Für das Lastniveau der Doppelamplitude von $2 \cdot F_{A,1}$ = 24 kN ergab sich für eine Ausfallwahrscheinlichkeit P_a = 50 % eine mittlere Lastwechselzahl von $N_{50\%,1}$ = 52.454 LW. Analog wurde für ein Lastniveau $2 \cdot F_{A,2}$ = 22 kN eine mittlere Lastwechselzahl von $N_{50\%,2}$ = 78.370 LW errechnet.

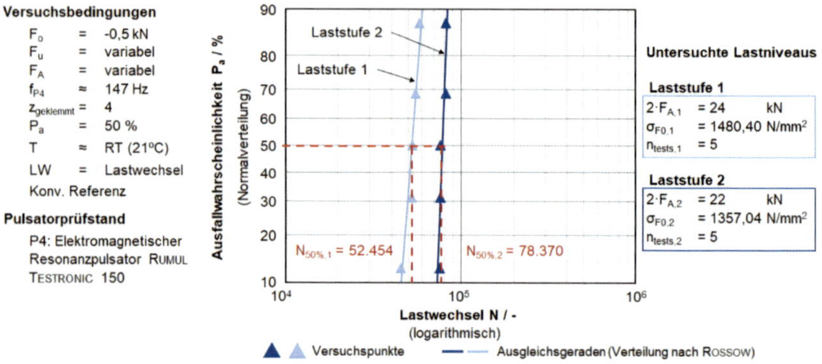

Bild 7-13: Zeitfestigkeit der konventionell gefertigten Zahnräder aus 17-4PH nach dem Horizontenverfahren

Fatigue Strength of the conventionally manufactured Gears made of 17-4PH according to the Horizon Method

Aus dem zuvor bestimmten Mittelwert der Dauerfestigkeit nach HÜCK von $2 \cdot F_{A,mittel}$ = 15,38 kN sowie den ermittelten Stützpunkten der Zeitfestigkeitsgerade der entsprechenden Laststufen wurde die Wöhlerlinie im Zeit- und Dauerfestigkeitsbereich abgeleitet. Diese ist in **Bild 7-14** dargestellt.

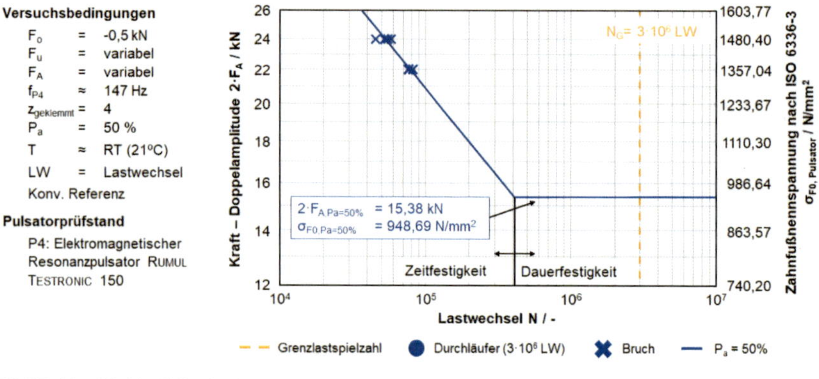

Bild 7-14: Wöhlerlinie der konventionell gefertigten Zahnräder aus 17-4PH

SN-Curve of the conventionally manufactured Gears made of 17-4PH

Der Schnittpunkt der Zeitfestigkeits- und der Dauerfestigkeitsgeraden lag bei der Kraft der Doppelamplitude von $2 \cdot F_{A,mittel}$ = 15,38 kN sowie einer Lastspielzahl von $N_{50\%,SP}$ = 408.838 LW. Wie auch bei den Binder Jetting Zahnrädern wurde die Rissinitiierung, ursächlich für das Versagen im Zahnfußbereich, an der Oberfläche der 30°-Tangente lokalisiert. Im Vergleich zu den BJT Zahnräder mit ρ_{rel} = 99 % war die dauerfeste Zahnfußnennspannung σ_{F0} bei den konventionell gefertigten 17-4PH Zahnrädern um Δ = 33,8 % höher. Die Tendenzen lassen sich in den von HAJECK entwickelten Erkenntnisse einordnen, der - bei anderer Zahnradgeometrie, anderen Werkstoffen und Prozessrouten als in dieser Arbeit - eine um $\Delta \approx$ 30 % höhere Fußtragfähigkeit einer konventionellen Referenzverzahnung aus 16MnCr5 gegenüber der matrizengepressten Zahnradvariante des Werkstoffes Fe + 0,85% Mo + 0,25% C feststellte [HAJE18].

7.3 Fazit

Conclusion

Die Ergebnisse der Zahnfußtragfähigkeitsuntersuchungen der Binder Jetting Zahnräder mit einer relativen Sinterdichte von ρ_{rel} = 99 % und ρ_{rel} = 94 %, welche unter Berücksichtigung der in Kapitel 6 entwickelten Prozessoptimierungen gefertigt wurden, wurden in diesem Kapitel gezeigt. Auf diese Weise wurde der Einfluss der Bauteildichte der Binder Jetting Zahnräder auf die Zahnfußtragfähigkeit analysiert. Zudem erfolgte zur Bewertung der Leistungsfähigkeit und der Einordnung der mittels Binder Jetting gefertigten Zahnräder aus 17-4PH in den Stand der Technik der Abgleich mit Ergebnissen der schmelzmetallurgischen, konventionell gefertigten Referenzverzahnung gleichen Werkstoffes (X5CrNiCuNb16-4, Werkstoffnummer 1.4542) und selber Geometrie. Vorab erfolgte die Charakterisierung der Zahnräder.

Der durchschnittliche Mittelwert der ertragbaren dauerfesten Doppelamplitude der BJT Zahnräder der Dichte ρ_{rel} = 99 % lag bei $2 \cdot F_{A,mittel}$ = 12,07 kN, respektive einer ertragbaren Zahnfußspannung von σ_{F0} = 708,96 N/mm². Im Vergleich zu den BJT Zahnrädern mit ρ_{rel} = 99 % war die dauerfeste Zahnfußnennspannung σ_{F0} bei den konventionell gefertigten 17-4PH Zahnrädern um Δ = 33,8 % höher. Der Mittelwert der Doppelamplitude lag bei $2 \cdot F_{A,mittel}$ = 15,38 kN, sowie einer errechneten Zahnfußnennspannung σ_{F0} = 948,69 N/mm². Die Untersuchung der BJT Zahnräder der Dichte ρ_{rel} = 94 % ergab einen Mittelwert der Doppelamplitude von $2 \cdot F_{A,mittel}$ = 8,65 kN, sowie die errechnete Zahnfußnennspannung σ_{F0} = 531,85 N/mm². Anzumerken ist, dass keine Schwankungen der Zahnfußtragfähigkeit in Abhängigkeit von der Positionierung in der Buildbox beim Druck detektiert wurde. Aus der Steigerung der relativen Dichte der Binder Jetting Zahnräder auf ρ_{rel} = 99 % resultierte ebenso eine Erhöhung der Zahnfußtragfähigkeit um Δ = 33,3 % bezogen auf die Zahnfußnennspannung σ_{F0}. Trotz deutlich höherer Zugeigenspannungsbeträge - diese gehen als positive Anteile in die Vergleichsspannung ein und reduzieren die Lebensdauer eines Bauteils [KLOO76, KÖCH96, KLOC24] - im Randbereich des BJT Zahnrades der Dichte ρ_{rel} = 99 %, war die Tragfähigkeit gegenüber dem Zahnrad der Dichte ρ_{rel} = 94 % deutlich erhöht. Beim konventionell gefertigten Referenzzahnrad wurden nahezu ausschließlich Zugeigenspannungen nach dem Schleifen gemessen. Somit zeigte die Bauteilporosität bzw. Bauteildichte und damit einhergehend auch die Bauteilhärte einen deutlich größeren Einfluss auf die Zahnfußtragfähigkeit verglichen mit den Eigenspannungswerten. Das Schleifen der Zahnräder erfolgte mit gleichbleibenden Parametern. Sämtliche Varianten wiesen sowohl eine vergleichbare Verzahnungsqualität als auch Rauheiten nach dem Schleifen auf.

Zudem wurden bei den BJT Zahnrädern der Dichte ρ_{rel} = 94 % (erhöhten Bauteilporosität von ε_P = 6 %) teilweise Brüche bei Lastwechselspielzahlen > 2 Mio. detektiert. Aufgrund dessen und auch der verhältnismäßig geringen Tragfähigkeit sollten mittels Binder Jetting gefertigte Zahnräder - auf Basis der wissenschaftlichen Untersuchungen in dieser Arbeit zum Druckprozess - mit möglichst hoher Bauteildichte gefertigt werden. Zur Einsparung von Gewicht oder dem Einbringen von für die Pulvermetallurgie typischen Dämpfungseffekten aufgrund einer Bauteilporosität sollten zukünftig Untersuchungen hinsichtlich Radkörpermodifikationen bei nahezu volldichten Bauteilen respektive Zahnrädern durchgeführt werden. Des Weiteren sollten werkstoffwissenschaftliche Einflüsse (beispielsweise durch die gezielte Auslegung der Wärmebehandlungsprozesse) auf die Zahnfußtragfähigkeit zukünftig systematisch untersucht werden.

Die zweite Forschungsfrage wurde beantwortet. Nach der Auslegung des Binder Jetting Zahnraddruckprozesses, der Fertigung und Charakterisierung der Prüfstandszahnräder erfolgte die Untersuchung der Zahnfußtragfähigkeit auf dem Pulsatorprüfstand in der Zeit- und Dauerfestigkeit. Zudem wurden die Zahnfußtragfähigkeiten der Binder Jetting Zahnräder durch den Abgleich mit Ergebnissen einer schmelzmetallurgischen Referenzverzahnung gleichen Werkstoffes und selber Geometrie in den Stand der Technik eingeordnet.

8 Zusammenführung der Erkenntnisse für den Druckprozess von Zahnrädern

Synthesizing Knowledge for the Printing Process of Gears

Im folgenden Kapitel werden die im Rahmen dieser Arbeit optimierten Parameter des Druckprozesses von Binder Jetting Zahnrädern aus dem martensitisch rostfreien ausscheidungshärtbaren Stahl 17-4PH sowie die resultierende Zahnfußtragfähigkeit zusammengeführt. Die Validierung und Bewertung des Prozesses erfolgte zum einen anhand der prozesssicheren und reproduzierbaren Fertigbarkeit sowie der erzielbaren Zahnfußtragfähigkeit. Der in dieser Arbeit untersuchte geradverzahnte Zahnradkörper besitzt z_2 = 20 Zähne bei einem Kopfkreisdurchmesser $d_{a,2}$ = 71,698 mm, einem Modul $m_{n,2}$ = 3,175 mm und einer Zahnbreite b_2 = 18 mm. Die entwickelten Optimierungen des Druckprozesses wurden auf einer Binder Jetting Maschine DM P2500 der Firma DIGITAL METAL AB umgesetzt und validiert. Aufgrund der herstellerabhängigen unterschiedlichen Maschinencharakteristika und Steuerungen ist die Übertragbarkeit der entwickelten Parameter zur Zahnradfertigung mittels Binder Jetting auf einen anderen Maschinentyp zu untersuchen. Für die maschinenseitige Umsetzbarkeit der zu optimierenden Zielgrößen ist die Kenntnis der jeweiligen Maschinencharakteristika unabdingbar.

Die Optimierung des Druckprozesses basiert auf den Erkenntnissen der Voruntersuchungen zur Zahnfußtragfähigkeit von Binder Jetting Zahnrädern in Kapitel 5. Eine Übersicht der initialen Parameter zur Zahnradfertigung aus dem Edelstahl 17-4PH und der damit einhergehenden errechneten Zahnfußnennspannung σ_{F0} sind in **Bild 8-1** oben abgebildet. Die wissenschaftliche und systematische Auslegung der nachgelagerten thermischen Prozesse ist nicht Teil der Arbeit. Die Entbinderung und Sinterung wurde durch einen externen Dienstleister initial (iterativ) ausgelegt und ausgeführt.

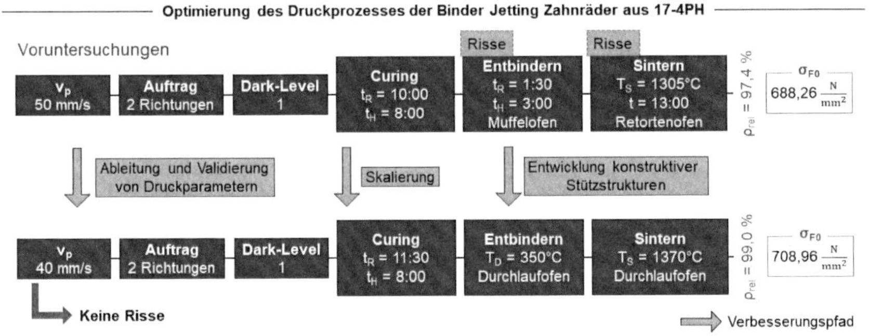

Bild 8-1: Optimierung des Druckprozesses der BJT Zahnradfertigung aus 17-4PH sowie resultierende Zahnfußnennspannung

Optimization of the Printing Process for BJT Gear Manufacturing made of 17-4PH and resulting Nominal Tooth Root Stress

Einige Zahnräder wiesen Spannungsrisse nach dem Entbindern und Sintern auf. Somit konnte mit den schädigungsfreien Zahnrädern lediglich ein Screening zur Untersuchung der Zahnfußtragfähigkeit durchgeführt werden. Zudem wurde ein ungleichmäßiges Schleifaufmaß respektive Untermaß auf den Flanken detektiert. Ausgehend von bereits entwickelten Kenntnissen in den Voruntersuchungen wurden durch eine gezielte Anpassung der Druckparameter (vgl. Kapitel 6) die Prozessstabilität, die Reproduzierbarkeit und damit einhergehend die Zahnfußtragfähigkeit weiter gesteigert, vgl. unterer Bereich Bild 8-1. Eine höhere Grünteildichte impliziert eine geringere Schwindung beim Sintern. Daraus resultiert eine Reduzierung der induzierten Spannungen durch Reibung mit der Sinterauflage und eine Abnahme der Rissbildung. Somit wurde das für den Druck von Zahnrädern auf T_P = 70 °C vorgewärmte (gasverdüste) Pulver mittels zweiseitigem Pulverauftrag und einer konstanten Auftragsgeschwindigkeit v_p = 40 mm/s in das Pulverbett eingebracht. Beim Auftrag in zwei Verfahrrichtungen (Hin- und Rückweg über der Buildbox) wurde bei gleichbleibender Schichtdicke D_s = 42 µm eine größere Menge Pulver ins Pulverbett eingebracht und die Grünteildichte nahm nach dem Druck zu. Die Temperierung des Werkstoffpulvers verbessert die Fließfähigkeit und induziert somit ebenfalls eine Steigerung der Grünteildichte. Da 90 % aller Pulverpartikel Q3(90) kleiner gleich $d_k \leq$ 25,4 µm waren, ist die Schichtdicke D_s = 42 µm hinreichend größer als der Korndurchmesser d_k des genutzten Pulvers. Die relative Dichte des Grünteils sinkt mit steigender Schichtdicke. Aufgrund der rotationssymmetrischen Geometrie von Zahnrädern ist bei der zu wählenden Binderauftragsgeschwindigkeit v_d eine hinreichende Genauigkeit in sämtliche Verfahrrichtungen des Druckkopfes notwendig. Die für die Zahnradfertigung (maschinenabhängige) optimale Binderauftragsgeschwindigkeit v_d sowie die in das Pulverbett einzubringende Bindermenge m_{Binder} ist in Analogieversuchen vorab zu ermitteln. Initial kann beim Binderauftrag die für die in dieser Arbeit analysierte Zahnradgeometrie validierte Binderauftragsgeschwindigkeit v_d = 200 mm/s bei einem Dark-Level 1 (56,25 % aller Pixel) in der Binder Jetting Zahnradfertigung verwendet werden. Zudem ist sowohl beim Pulver- als auch Binderauftrag die Produktivität ebenfalls in der Prozessauslegung zu berücksichtigen. Eine Reduzierung der Auftragsgeschwindigkeiten des Pulvers und des Binders führt zu einer Steigerung der Prozesszeiten. Der folgende Wärmebehandlungs- und Sinterprozess stellt, durch die Diffusionsbindung benachbarter Pulverpartikel, die Endfestigkeit her und verdichtet das Grünteil durch Schwindung zu einem Kompaktbauteil. Aufgrund des hohen Bauteilvolumens sollten bei den thermischen Nachbehandlungsprozessen Curing, Entbinderung und Sinterung konstruktive Stützstrukturen verwendet werden. Konstruktive Stützstrukturen beim Binder Jetting von Zahnrädern entsprechen Bauteilen, welche zusätzlich mit dem Kompaktbauteil Zahnrad in einem Druckprozess gefertigt werden. Beim Curing könnten Spannungen durch die statischen und dynamischen Wechselwirkungen des Pulvers induziert werden - diese könnten schon im Zahnradgrünteil zu einer Rissbildung und -ausbreitung führen. Durch das konstruktive Einbringen eines Zylindergrünteils in der Zahnradbohrung wurde der kritische Übergangsbereich zwischen dem sich statisch verhaltenden Pulver in der Zahnradbohrung und dem dynamischen Bauteilgrünteil reduziert und die Gefahr von Rissbildung beim Curing minimiert. Die Prozessstabilität des Entbinderns und Sinterns konnte vor allem durch die zur Hilfenahme einer Netzscheibe zwischen Zahnrad und der keramischen Sinterunterlage deutlich erhöht werden. Die Nutzung der Netzscheibe diente der Reduzierung der Reibung zwischen dem Kompaktbauteil Zahnrad und der keramischen Sinterfläche. Ursächlich für die Reibung ist die Schrumpfung des Zahnradvolumens aufgrund von auftretender Schwindung.

Die Sinterschwindung der Zahnräder aus 17-4PH ist durch die Verwendung geeigneter dimensionsloser Skalierungsfaktoren SF_i beim Druck zu berücksichtigen. Das Zahnrad kann nicht global (X-, Y- und Z-Richtung) mittels eines äquidistanten Skalierungsfaktors SF_i beaufschlagt werden - dennoch sind sämtliche Skalierungsfaktoren in einer Größenordnung $SF_i \approx 1{,}24$ zu wählen. Auf diese Weise liegt ausreichend Aufmaß für die Hartfeinbearbeitung der Zahnräder vor.

Beim Curing wird die gesamte Buildbox nach dem Druck mitsamt den gedruckten Bauteilen und dem nicht verwendeten, recycelbaren 17-4PH-Pulver im Curingofen über einen definierten Zeitraum t_R von Raumtemperatur auf eine spezifische Curingtemperatur T_C = 200 °C erwärmt. Anschließend verbleiben die Zahnräder für eine errechnete Haltezeit t_H auf der Temperatur T_C im Ofen. Die Prozesszeiten im Curingofen werden mit Hilfe der beim Druck verwendeten Bindermenge m_{Binder} sowie der Schichtanzahl # individuell errechnet. Resultierend aus den Erkenntnissen der Entbinderung in einem Muffelofen und der Sinterung in einem Retortenofen (vgl. Voruntersuchungen in Kapitel 5.2) sind Zahnräder - bei ähnlicher Geometrie zu der in dieser Arbeit analysierten - in Schutzgasatmosphäre in einem Durchlaufofen zu entbindern und sintern. Die Sinterung ist in reiner Wasserstoff-Atmosphäre (H_2-Atmosphäre) durchzuführen, um der Oxidation der Zahnräder während des Sinterns vorzubeugen. Die Zahnräder aus 17-4PH wurden bei T_D = 350 °C entbindert. Die maximale Sintertemperatur betrug für eine relative Sinterdichte ρ_{rel} = 99 % T_S = 1370 °C. Sowohl die Parameter der Entbinderung als auch der Sinterung sind von der relativen Zieldichte des Zahnrades, der Geometrie und des Volumens, dem Werkstoff sowie der Art des Ofens abhängig. Die Größenordnung der in dieser Arbeit abgeleiteten (Richt-)Parameter für die thermischen Prozesse dient der initialen Parameterabschätzung bei individueller Auslegung der Zahnradfertigung aus 17-4PH mittels Binder Jetting. Die Auslegung und Durchführung der nachgelagerten thermischen Prozesse erfolgte durch einen externen Dienstleister. Die finale Hartfeinbearbeitung ist aufgrund der geringen Stückzahlen additiv gefertigter Zahnräder mittels Profilschleifen durchzuführen. Die vorab beschriebenen Erkenntnisse des Druckprozesses von Binder Jetting Zahnrädern sind in **Bild 8-2** zusammengeführt.

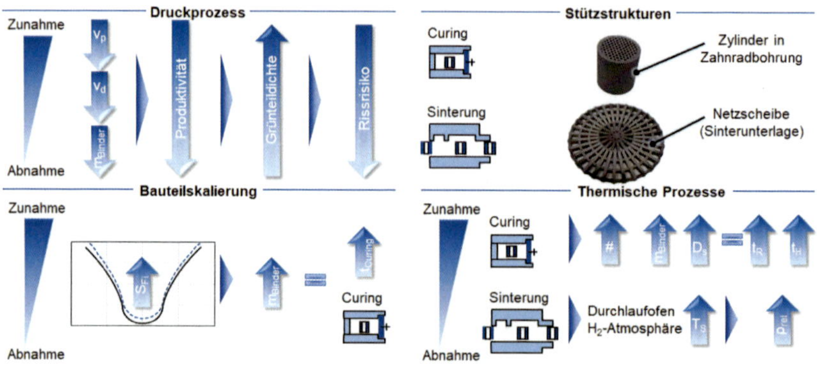

Bild 8-2: Zusammenführung der Erkenntnisse für den Druckprozess von Binder Jetting Zahnrädern aus 17-4PH

Synthesizing Knowledge for the Printing Process of Binder Jetting Gears made of 17-4PH

Die Vielzahl an unterschiedlichen Anpassungen ermöglichte die reproduzierbare und rissfreie Fertigung von Zahnrädern. Zudem konnte die Zahnfußtragfähigkeit weiter gesteigert werden, vgl. Bild 8-1. Die Einflüsse der relevantesten Parameter auf die resultierenden Bauteileigenschaften der in dieser Arbeit analysierten BJT Zahnräder aus 17-4PH sind im **Bild 8-3** zusammengefasst.

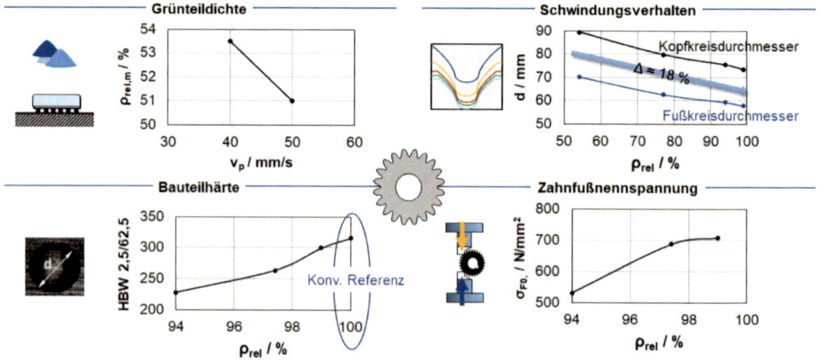

Bild 8-3: Einflüsse relevanter Parameter auf die Eigenschaften der BJT Zahnräder aus 17-4PH

Influences of Relevant Parameters on the Properties of BJT Gears made of 17-4PH

Die Reduzierung der Pulverauftragsgeschwindigkeit v_P induzierte nach dem Druck eine homogenere Grünteildichte $\Delta\rho$ im gesamten Pulverbett der Buildbox. Eine Senkung der Pulverauftragsgeschwindigkeit um Δv_P = 10 mm/s führte zu einer Steigerung der mittleren Grünteildichte um $\Delta\rho_{rel,m} \approx 2{,}4$ % auf $\rho_{rel,m} = 53{,}4$ % bei gleichzeitiger Reduzierung der Grünteildichteschwankung von $\Delta\rho_{rel} = 1{,}3$ % auf $\Delta\rho_{rel} = 0{,}8$ %. Daraus resultierte eine Verringerung des Rissrisikos. Ausgehend von der mittleren Grünteildichte $\rho_{rel,m} = 53{,}4$ % ist für diese Zahnradgeometrie auf Basis des Kopf- und Fußkreisdurchmessers des Grünteils eine qualitative Abschätzung der Sinterschwindung in Abhängigkeit von der relativen Dichte möglich. Diese Gesetzmäßigkeit kann mittels Formeln beschrieben werden, vgl. Kapitel 6.7. Da schon in der Vorauslegung durch die Kenntnis der Skalierungsfaktoren SF_i Kopf- und Fußkreisdurchmesser des Zahnradgrünteils errechnet werden können, ist auch das Zahnlückenprofil nach der Sinterung auf die Zieldichte qualitativ vorhersagbar. Bei den Zahnrädern der relativen Dichte $\rho_{rel} = 99$ % betrug die Schrumpfung des Kopf- und Fußkreisdurchmessers sowie des Zahnlückenprofils verglichen zur Geometrie des Zahnradgrünteils in etwa $\Delta \approx 18$ %. Die gemessene Härte nach BRINELL nimmt mit zunehmender Bauteildichte näherungsweise linear zu. Durch Abnahme der Bauteilporosität bzw. Steigerung der Bauteildichte und damit einhergehend auch der Erhöhung der Bauteilhärte ist die Zahnfußtragfähigkeit signifikant steigerbar. Aufgrund dessen und auch der verhältnismäßig geringen Tragfähigkeit sollten mittels Binder Jetting gefertigte Zahnräder - auf Basis der wissenschaftlichen Untersuchungen in dieser Arbeit zum Druckprozess - mit möglichst hoher Bauteildichte gefertigt werden. Des Weiteren sollten werkstoffwissenschaftliche Einflüsse (beispielsweise durch die gezielte Auslegung der Wärmebehandlungsprozesse) auf die Zahnfußtragfähigkeit zukünftig systematisch untersucht werden.

Somit wurde die dritte Forschungsfrage beantwortet. Die empirisch generierten Erkenntnisse zur Auslegung des Druckprozesses beim Binder Jetting von Zahnrädern aus dem nichtrostenden Edelstahl 17-4PH sowie die Ergebnisse der resultierenden Zahnfußtragfähigkeit wurden zusammengeführt. Dies kann als Basis dienen, um - nach systematischer und (werkstoff-)wissenschaftlicher Analyse und Optimierung der nachgelagerten thermischen Prozesse - den ganzheitlichen Auslegungsprozess von Binder Jetting Zahnrädern aus 17-4PH zukünftig zu beschreiben.

9 Nutzung von Umlaufbiegeproben zur Abschätzung der Zahnfußtragfähigkeit

Using Rotary Bending Specimens for Estimating the Tooth Bending Strength

Nachdem das folgende Unterkapitel die Nutzung von Umlaufbiegeproben zur Abschätzung der Zahnfußtragfähigkeit von Binder Jetting Zahnrädern motiviert, werden anschließend der Aufbau sowie die Durchführung der Umlaufbiegeversuche beschrieben. Analog zu den bisherigen Untersuchungen zur Zahnfußtragfähigkeit von Zahnrädern aus dem nichtrostenden Edelstahl 17-4PH (X5CrNiCuNb16-4) werden sowohl additiv mittels Binder Jetting (ρ_{rel} = 99,5 % und ρ_{rel} = 94 %) als auch konventionell (schmelzmetallurgisch) gefertigte Umlaufbiegeproben hinsichtlich ihrer Biegewechselfestigkeit untersucht und ein Wöhlerdiagramm abgeleitet. Auf diese Weise ist erneut die Einordnung und Bewertung der Leistungsfähigkeit additiv mittels Binder Jetting gefertigter Prüfkörper durch den Vergleich mit der schmelzmetallurgischen Referenz möglich. Sämtliche Fertigungsschritte und -parameter bleiben im Vergleich zur Zahnradfertigung unverändert. Zudem erfolgt in diesem Kapitel die metallografische Bauteilcharakterisierung der Umlaufbiegeproben. Final wird eine mögliche Abschätzung der Zahnfußtragfähigkeit aus der Biegewechselfestigkeit bewertet.

9.1 Notwendigkeit und Nutzbarkeit von Werkstoffproben

Necessity and Suitability of Material Samples

Zur Abschätzung der Zahnfußtragfähigkeit von Binder Jetting Zahnrädern sind mehrere Prozesse inkl. Pulveraufbereitung, Pulvermischung, Curing, Entpulverung, Entbindern und Sintern, sowie der folgenden Hartfeinbearbeitung bis hin zum finalen Testing auf dem Pulsatorprüfstand notwendig, vgl. Kapitel 6. Die Ableitung einer Wöhlerlinie erfordert bei der in dieser Arbeit betrachteten Zahnradgeometrie mindestens vier Druckprozesse. Dies ist sowohl kosten- als auch zeitintensiv, vgl. Bild 6-12 in Kapitel 6.8. Die Variation von Prozessparametern ist dabei noch nicht berücksichtigt und würde weitere Zahnraddrucke erfordern. Daher ist angestrebt, auf Basis der Dauerfestigkeit mittels Binder Jetting gefertigter Werkstoffproben die Zahnfußtragfähigkeit von Zahnrädern abzuschätzen. Dies würde zukünftig eine Prozessauslegung sowie die Untersuchung von Prozessvariationen auf die Tragfähigkeit sowohl ökologisch als auch ökonomisch optimieren.

Für die Werkstoffprüfung additiv gefertigter Proben wird gemäß VDI-Richtlinie 3405 Blatt 2 aufgrund der kleinen Probengeometrie die Umlaufbiegeprüfung empfohlen [VDI13]. Analog zur Darstellung der ertragbaren Zahnfußnennspannung in einem Wöhlerdiagramm, vgl. Kapitel 7.2, ist auch die aus den Umlaufbiegeversuchen resultierende Biegewechselfestigkeit (bei Umlaufbiegung) σ_{bw} in einem Wöhlerdiagramm darstellbar. Insgesamt werden in der Buildbox während eines Druckes 22 Umlaufbiegeproben inklusive der Sinterunterlage / Stützstruktur gleichzeitig gefertigt. Dazu sind bei einer Schichtanzahl von # ≈ 400 in etwa m_{Binder} = 150 g Binder und m_{Pulver} ≈ 4,3 kg Pulver (ein Drittel neues und zwei Drittel recyceltes Werkstoffpulver) notwendig. Die reine Druckzeit beträgt t = 5:20 Stunden, vgl. **Bild 9-1**. Die Ableitung einer Wöhlerlinie mittels Umlaufbiegeproben erfordert zwei Druckprozesse - der Ressourcenverbrauch entspricht dem eines Zahnraddruckes (vier Zahnräder, vgl. Bild 6-12). Somit werden beim Druckprozess der Prüfkörper zur Ableitung einer Wöhlerlinie mittels Umlaufbiegeproben im Vergleich zur Nutzung von Zahnrädern lediglich 25 % der Ressourcen benötigt.

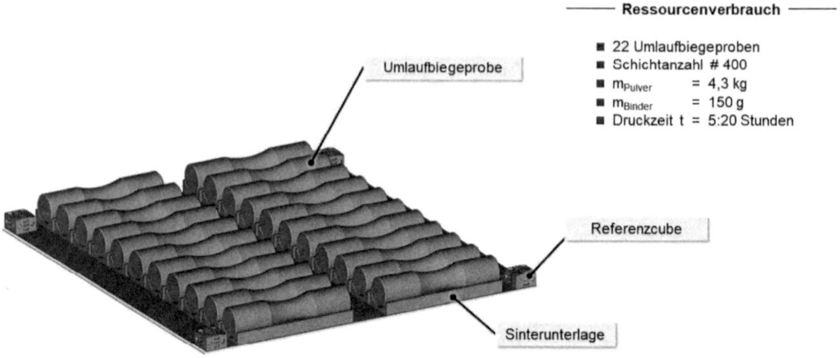

Bild 9-1: Anordnung der Umlaufbiegeproben in der Buildbox und Ressourcenverbrauch
Arrangement of the Rotary Bending Specimen in the Buildbox and Resource Consumption

Wöhlerdiagramme werden für ein konstantes Spannungsverhältnis R aufgestellt und visualisieren daher die ertragbare Lastamplitude L_a bei diesem Spannungsverhältnis R [DIN22c]. Wöhlerdiagrammen bei Umlaufbiegung liegt das Spannungsverhältnis R = -1 (Zug-Druck-Wechsellast / Biegewechsellast) zugrunde. Da Zahnräder während des Pulsatorversuches sowie der einseitigen Drehrichtung im Laufversuch im Spannungsverhältnisbereich 0 < R < 1 (Zugschwellast) belastet werden, sind die Wöhlerdiagramme bzw. die unterschiedlichen Spannungsverhältnisse nicht quantitativ miteinander vergleichbar und können lediglich für eine qualitative Abschätzung herangezogen werden, vgl. **Bild 9-2**. Eine Ausnahme bilden die im Rahmen dieser Arbeit nicht berücksichtigten Planetengetriebe - dort werden die Planeten ebenso auf Biegewechsellast belastet. Die Beanspruchbarkeit bei einem Spannungsverhältnis von R > 0 (Druck-Mittelspannung) ist gegenüber einem Spannungsverhältnis R < 0 (Zug-Mittelspannung) erhöht, vgl. Bild 9-2 rechts [FKM20]. Durch das Einbringen von Druckeigenspannungen in die Werkstückoberflächen nutzen Randzonenverdichtungsverfahren, wie das Kugelstrahlen oder Dichtwalzen, diesen Effekt [KOTT03, FREC15, KLOC24]. Die Visualisierung der ertragbaren Lastamplitude bei variablem Spannungsverhältnis R wird durch Dauerfestigkeitsschaubilder realisiert [GÖTZ22]. Sie entsprechen der graphischen Darstellung aller Dauerfestigkeiten aus einer Vielzahl von Wöhlerdiagrammen [LÄPP16]. In Dauerfestigkeitsschaubildern wird die Lastamplitude über die Mittelspannung aufgetragen [GÖTZ22].

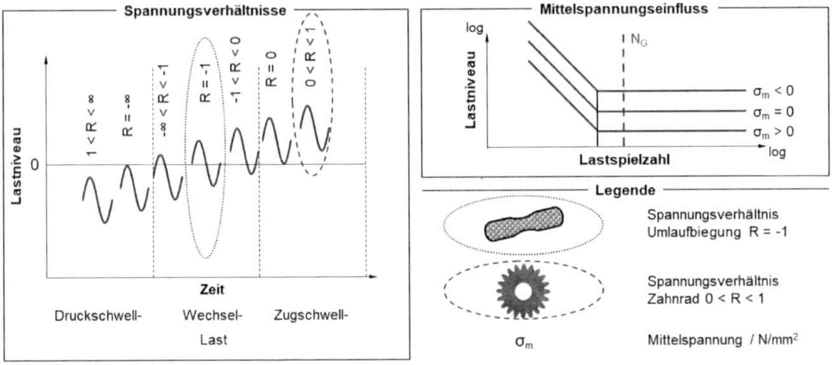

Bild 9-2: Spannungsverhältnisse und Einfluss der Mittelspannung auf die Dauerfestigkeit [LÄPP16, FKM20, KLOC24]

Stress Ratios and Effects of Mean Stress on SN-Curve [LÄPP16, FKM20, KLOC24]

Verbreitete Darstellungsformen von Dauerfestigkeitsschaubildern sind die Darstellung nach HAIGH und die Darstellung nach SMITH [BÜRG14]. Beide werden jedoch im Rahmen dieser Arbeit nicht näher betrachtet. Das HAIGH-Diagramm ermöglicht die Umrechnung der Bauteilfestigkeit eines beliebigen Spannungsverhältnisses auf ein anderes Spannungsverhältnis [WÄCH21]. Dazu sind jedoch weiterführende Werkstoffuntersuchungen bei unterschiedlichen Spannungsverhältnissen notwendig. Beide Darstellungsformen von Dauerfestigkeitsschaubildern werden jedoch im Rahmen dieser Arbeit nicht näher betrachtet.

9.2 Versuchsaufbau und -beschreibung

Experimental Design and Description

Die Biegewechselfestigkeit bei Umlaufbiegung kann für das Spannungsverhältnis R = -1 (σ_m = 0) im Umlaufbiegeversuch nach DIN 50113:2018-12 ermittelt werden [DIN18b]. Im Umlaufbiegeversuch werden umlaufende Rundproben durch ein konstantes Biegemoment beansprucht. Die Probe wird während des Versuchs rein wechselnd mit zwei gleich großen positiven und negativen Belastungen beansprucht [FKM20]. Die sich ergebene Spannungsänderung ist während eines Umlaufs der Probe somit an jeder Stelle sinusförmig [DIN18b].

Im Umlaufbiegeversuch liegt ein Spannungsgradient im Querschnitt der Probe vor [VDI14]. Die Probenachse ist die neutrale Faser, zum Probenrand hin steigt die Spannung. Infolgedessen sind gute Oberflächenqualitäten zur Vermeidung von Kerbwirkung bei Umlaufbiegeproben besonders relevant [VDI14]. Die Untersuchungen wurden im Labor des IWM (Institut für Werkstoffanwendungen im Maschinenbau) der RWTH Aachen University durchgeführt. Verwendet wurde die Maschine „Rapid PUN" der Firma SCHENCK, vgl. **Bild 9-3**. Die relevantesten geometrischen Kenngrößen der Umlaufbiegeprobe sind ebenfalls abgebildet.

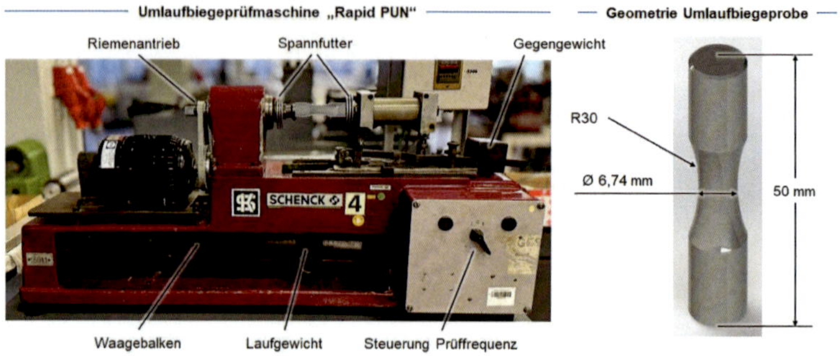

Bild 9-3: Darstellung der Umlaufbiegeprüfmaschine „Rapid PUN“ sowie die Probengeometrie

Rotary Bending Machine „Rapid PUN“ and Geometry of the Sample

Die Umlaufbiegeprobe wird mittels der beiden Spannfutter in die Maschine eingespannt. Durch einen Elektromotor mit Riemenantrieb wird die Probe in Rotation um die Längsachse (f = 115 Hz) versetzt (Antriebsseite links). Die Prüflast wird mittels eines Hebelsystems abtriebsseitig in die eingespannte Umlaufbiegeprobe eingebracht. Durch Verschieben des Laufgewichtes auf dem Waagebalken wird durch den Bediener die Prüfkraft, respektive die resultierende Biegespannung, eingestellt. Der Laufgewichtsabstand 0 cm < l_0 < 30 cm wird auf Basis der zu untersuchenden Biegespannung σ sowie dem Prüfdurchmesser d errechnet. Ist ein theoretischer Laufgewichtsabstand von l_0 > 30 cm aufgrund einer höheren Biegespannung σ erforderlich, wird durch Anbringen eines Zusatzgewichtes am Ende des Waagebalkens eine zusätzliche Prüfkraft, respektive resultierende Biegespannung, aufgebracht.

9.3 Bauteilcharakterisierung

Characterization of the Component

Sowohl das Drucken als auch die Sinterung der Binder Jetting Umlaufbiegeproben aus 17-4PH erfolgte gemäß der in Kapitel 6.8 abgeleiteten Prozessparameter zur Zahnradfertigung. Nach der Sinterung wurde, verglichen mit den BJT Zahnrädern, eine geringfügig höhere relative Dichte von ρ_{rel} = 99,5 % ermittelt. Anschließend wurden die Proben konturgedreht, geschliffen und längspoliert. Die Prozesskette für die konventionelle Fertigung der schmelzmetallurgisch gefertigten Proben umfasste neben dem Sägen und dem Konturdrehen ebenso das Schleifen und Polieren. Eine ausreichend gute Oberflächenqualität ist aufgrund auftretender Kerbwirkung und oberflächennaher Höchstlast im Umlaufbiegeversuch unabdingbar. Da im Versuch ein Versagen bzw. Bruch der Probe im kleinsten Durchmesser d zu erwarten ist, sind insbesondere dort Riefen oder andere oberflächennahe Defekte zu vermeiden. Gemäß DIN 50113:2018-12 ist ein vergleichbarer Werkstoff- und Oberflächenzustand mit den Ergebnissen der zu vergleichenden Untersuchungen an den Zahnrädern aus Kapitel 7.1 nötig [DIN18b]. Nach dem Polieren erfolgte zum einen die mikroskopische Untersuchung der Umlaufbiegeproben hinsichtlich erkennbarer Riefen und Kratzer auf der Oberfläche. Zum anderen wurde - analog zur Bauteilcharakterisierung der Zahnräder - die Rauheit ausgehend vom dünnsten Durchmesser entlang der Probenlängsachse mittels taktilem Rauheitsmessgerät des Typen HOMMEL ETAMIC NANOSCAN 855 der Firma JENOPTIK messtechnisch erfasst. Die Auswertung der Rauheitskennwerte und Messschriebe erfolgte gemäß DIN EN ISO 21920-3:2022-12 [DIN22b]. Die Messung wurde an allen vorliegenden Proben durchgeführt, um eine möglichst gute statistische Absicherung der Auswertung zu erreichen. Exemplarisch sind die Ergebnisse der Rauheitsmessungen der Binder Jetting Proben nach dem Polieren in **Bild 9-4** dargestellt.

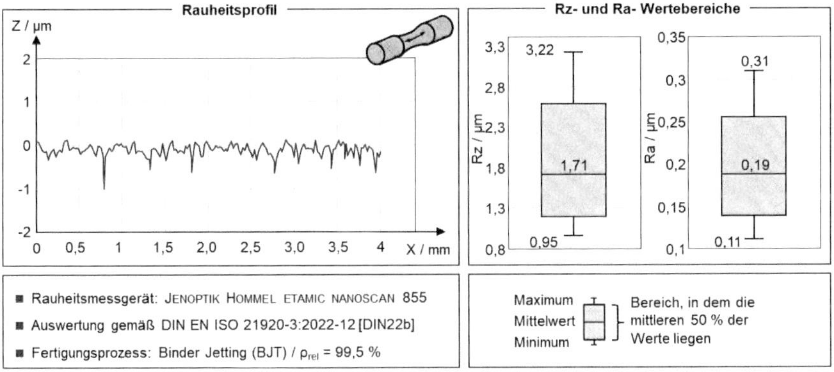

Bild 9-4: Rauheitsmessung nach der Hartfeinbearbeitung der Binder Jetting Umlaufbiegeproben aus 17-4PH (ρ_{rel} = 99,5 %)

Roughness Measurements after Hard Machining of the BJT Rotary Bending Specimens made of 17-4PH (ρ_{rel} = 99.5 %)

Der Mittelwert aller Messungen der gemittelten Rautiefe Rz betrug beim Binder Jetting Rz = 1,71 µm, der arithmetische Mittenrauwert Ra = 0,19 µm. Die konventionell gefertigten Umlaufbiegeproben aus dem Edelstahl 17-4PH (X5CrNiCuNb16-4, Werkstoffnummer 1.4542) wiesen mit Rz = 1,19 µm und Ra = 0,14 µm vergleichbare Rauheitskennwerte auf. Die geringfügigen Abweichungen (Verbesserungen) - verglichen mit den Rauheitskennwerten der geschliffenen Zahnräder - sind auf den Polierprozess der Umlaufbiegeproben zurückzuführen. Die Bauteilhärten nach BRINELL (DIN EN ISO 6507-1:2018-07 [DIN18a]) zeigten mit den Zahnrädern vergleichbare Werte.

9.4 Ermittlung der Biegewechselfestigkeit

Determining of the Rotary Bending Strength

Sowohl die additiv als auch die konventionell gefertigten Umlaufbiegeproben wurden abschließend hinsichtlich der Biegewechselfestigkeit σ_{bw} (bei Umlaufbiegung) im Zeit-

und Dauerfestigkeitsbereich untersucht. Eine Wöhlerlinie wurde anschließend abgeleitet. Zur Beschreibung der Leistungsfähigkeit der Binder Jetting Umlaufbiegeproben wurden zunächst 33 Versuche am Übergang zum dauerfesten Lastbereich im Treppenstufenverfahren [DIXO48] durchgeführt. Die Auswertung des Treppenstufenverfahrens erfolgte analog zu den Zahnrädern nach HÜCK [HÜCK83], vgl. Kapitel 7.2. Zur statistischen Absicherung der Versuchsergebnisse wird gemäß der VDI-Richtlinie 3405 Blatt 2 für additive Fertigungsverfahren die Untersuchung von ungefähr 30 Proben empfohlen [VDI13, VDI14]. Die Grenzschwingspielzahl für die Wechselfestigkeit aus Umlaufbiegung wurde auf $N_G = 10^7$ Lastwechsel (LW) festgelegt. Abbruchkriterien im Umlaufbiegeversuch waren zum einen das Erreichen der Grenzschwingspielzahl N_G und zum anderen der Probenbruch. Vor Versuchsbeginn erfolgte die Auswahl eines geeigneten Lastniveaus und des Stufensprungs ΔS. In der Literatur sind verschiedene Abschätzungsmethoden der Biegewechselfestigkeit σ_{bw} auf Basis der Zugfestigkeit R_m dokumentiert. BÜRGEL gibt für die Biegewechselfestigkeit σ_{bw} ferritischer Stähle eine Abschätzung von $\sigma_{bw} = 0{,}49 \cdot R_m$ an [BÜRG14]. Auf Basis der Ergebnisse von LIU gibt ISSLER eine Abschätzung von $\sigma_{bw} = 0{,}518 \cdot R_m$ [LIU91, ISSL06]. Gemäß VDI-Richtlinie sind die in Umlaufbiegeversuchen ermittelten Biegewechselfestigkeiten höher als die in Zug-Druck-Versuchen ermittelte Zug-Druck-Wechselfestigkeit [VDI14]. Infolgedessen können ebenso Methoden zur Abschätzung der Zug-Druck-Wechselfestigkeit angewandt werden, um ein Lastniveau für den Versuchsstart abzuschätzen. ISSLER gibt eine Abschätzung der Zug-Druck-Wechselfestigkeit für Stähle mit $\sigma_{zdw} = (0{,}4 \text{ bis } 0{,}45) \cdot R_m$ an [ISSL06]. Basierend auf den genannten Abschätzungsmethoden wurde die Biegespannung des initialen Lastniveaus auf $\sigma_{bw} = 0{,}5 \cdot R_m$ festgelegt. Unter Berücksichtigung der im Zugversuch ermittelten Zugfestigkeit von $R_m = 994{,}6$ MPa (Kapitel 5.2.2) wurde das initiale Lastniveau zu $\sigma_{bw} = 497{,}3 \text{ N/mm}^2 \approx 500 \text{ N/mm}^2$ berechnet. Der Stufensprung ΔS beschreibt die Abtastrate der logarithmischen Normalverteilung der Festigkeitskennwerte und ist daher von der zu erwartenden Streuung (Standardabweichung) des Werkstoffs abhängig. Aufgrund der Zugfestigkeit R_m des 17-4PH Stahls ist mit einer schwachen bis normalen Streuung zu rechnen. Da additiv gefertigten Proben erfahrungsgemäß eine höhere Streuung verglichen mit schmelzmetallurgisch gefertigten desselben Werkstoffes aufweisen, wurde der Laststufensprung zu $\Delta S = (3\ \% \text{ bis } 5\ \%) \cdot 500 \text{ N/mm}^2 \approx 20$ MPa gewählt. Beginnend beim initialen Lastniveau $\sigma_{bw} = 500 \text{ N/mm}^2$ wurden Lastwechsel LW (651.000 LW) im Bereich nahe der statischen Festigkeit ermittelt. Somit wurden diese Versuchspunkte nicht in der Treppenstufe berücksichtigt. Die Treppenstufe des dauerfesten Bereiches der BJT Umlaufbiegeproben ist in **Bild 9-5** dargestellt. Auf der Y-Achse ist die Biegespannung σ_{bw} und auf der X-Achse die Anzahl der Versuche aufgetragen. Der fiktive Punkt bildete den 34. Versuchspunkt. Die Prüffrequenz des Prüfstandes lag bei $f_U = 115$ Hz. Der Mittelwert der Biegewechselspannung σ_{bw} beim Spannungsverhältnis R = -1 bei Umlaufbiegung lag bei $\sigma_{bw,mittel} = 399{,}41 \text{ N/mm}^2$. Der Mittelwert der Wechselfestigkeit aus Umlaufbiegung $\sigma_{bw,mittel}$ entspricht dem Dauerfestigkeitskennwert für eine Ausfallwahrscheinlichkeit von $P_a = 50\ \%$.

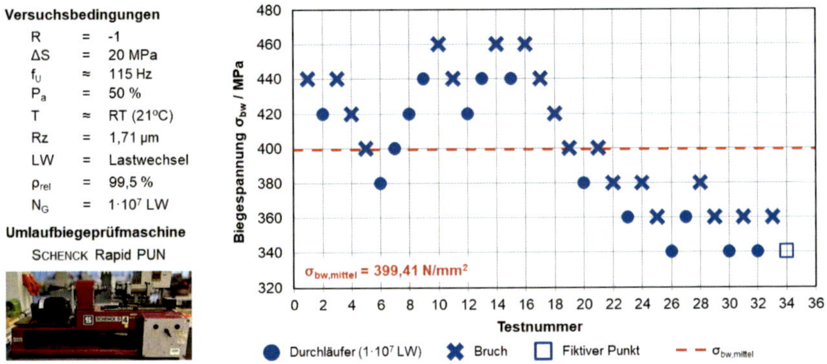

Bild 9-5: Treppenstufe für die BJT Umlaufbiegeproben aus 17-4PH (ρ_{rel} = 99,5 %) nach HÜCK [HÜCK83]

Endurance Limit for BJT Rotary Bending Specimens made of 17-4PH (ρ_{rel} = 99.5 %) according to HÜCK [HÜCK83]

Zur Ermittlung der Zeitfestigkeit ($N_G < 10^7$ LW) wurde gemäß dem Horizontenverfahren, vgl. Auswertung Zeitfestigkeit der Zahnräder in Kapitel 7.2, auf drei verschiedenen Lastniveaus eine definierte Anzahl von Versuchen durchgeführt [ROSS64, ZENN98, MART11a, MART11b]. Auf dem untersuchten Lastniveau 1 $\sigma_{bw,1}$ = 640 N/mm² wurden vier und auf den Lastniveaus 2 ($\sigma_{bw,2}$ = 600 N/mm²) und 3 ($\sigma_{bw,3}$ = 560 N/mm²) jeweils fünf Versuchsläufe durchgeführt, vgl. **Bild 9-6**.

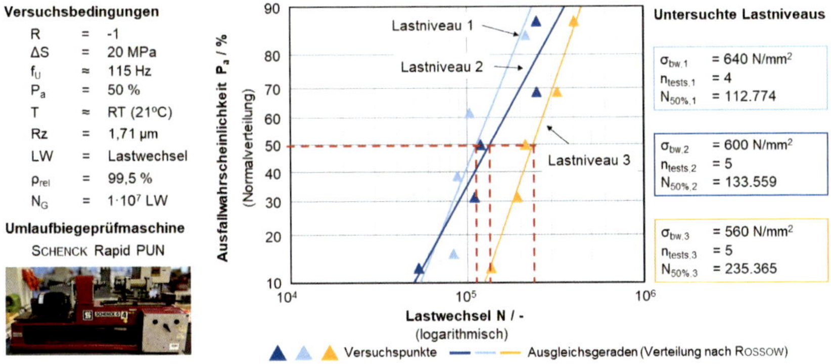

Bild 9-6: Zeitfestigkeit der BJT Umlaufbiegeproben aus 17-4PH (ρ_{rel} = 99,5 %) nach dem Horizontenverfahren

Fatigue Strength of the BJT Rotary Bending Specimens made of 17-4PH (ρ_{rel} = 99.5 %) according to the Horizon Method

Nach der Übertragung der Wertepaare von Ausfallwahrscheinlichkeit P_a (Y-Achse) und Lastwechselspielzahl N (X-Achse) in ein Wahrscheinlichkeitsnetz der logarithmischen Normalverteilung wurde die Ausgleichsgerade für die Zeitfestigkeit gezeichnet

[KLOC24]. Für das Lastniveau 1 $\sigma_{bw,1}$ = 640 N/mm^2 ergibt sich für eine Ausfallwahrscheinlichkeit P_a = 50 % eine mittlere Lastwechselzahl von $N_{50\%,1}$ = 112.774 LW [ZENN98]. Analog wurde für ein Lastniveau 2·$\sigma_{bw,2}$ = 600 N/mm^2 eine mittlere Lastwechselzahl von $N_{50\%,2}$ = 133.559 LW und für Lastniveau 3 $\sigma_{bw,3}$ = 560 N/mm^2 $N_{50\%,3}$ = 235.365 LW errechnet. Der vorliegende Schnittpunkt der Ausgleichsgraden des Lastniveaus 1 mit der des Lastniveaus 2 resultiert aus der ungleichen Streuung der Versuchspunkte beider Niveaus - die Streuung nimmt mit sinkender Last zu. Diese Streuung ist mittels der Auswertung im Horizontenverfahren gut zu bewerten und begründet - anders als bei den Zeitfestigkeitsuntersuchungen der Zahnräder - die Untersuchung der Zeitfestigkeit auf drei verschiedenen Lastniveaus. Aufgrund der drei Lastniveaus wurde die Zeitfestigkeitsgerade für das Wöhlerdiagramm mit dem Perlenschnurverfahren ermittelt. Das Perlenschnurverfahren erlaubt die Berücksichtigung sämtlicher Versuchspunkte auf verschiedensten Lastniveaus. Industriell findet das Perlenschnurverfahren daher bei einer geringen vorliegenden Probenanzahl häufig Anwendung [GÖTZ22]. Zudem werden im Perlenschnurverfahren die Versuche sequentiell, d.h. abhängig vom Lastniveau des vorherigen Versuchspunktes, durchgeführt [GÖTZ22]. Somit bietet sich die Anwendung dieses Verfahrens bei fehlender Kenntnis des Verlaufs der Zeitfestigkeitsgerade an [GÖTZ22]. Aus dem zuvor bestimmten Mittelwert der Dauerfestigkeit nach Hück von $\sigma_{bw,mittel}$ = 399,41 N/mm^2 sowie den ermittelten Stützpunkten der Zeitfestigkeitsgerade der drei Lastniveaus, wurde die Wöhlerlinie im Zeit- und Dauerfestigkeitsbereich abgeleitet, vgl. **Bild 9-7**. Der Schnittpunkt der Zeitfestigkeits- und der Dauerfestigkeitsgeraden lag bei der Biegewechselfestigkeit (bei Umlaufbiegung) von $\sigma_{bw,mittel}$ =$\sigma_{bw,Pa=50\%}$ = 399,41 N/mm^2 sowie einer Lastspielzahl von $N_{50\%,SP}$ = 1.502.148 LW. Zur Vergleichbarkeit und Bewertung der Ergebnisse der additiv mittels Binder Jetting gefertigten Umlaufbiegeproben wurden dieselben Untersuchungen mit konventionell (schmelzmetallurgisch) gefertigten Umlaufbiegeproben aus 17-4PH wiederholt.

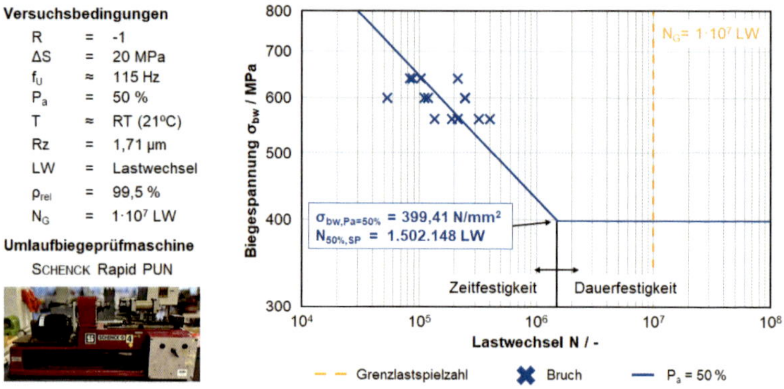

Bild 9-7: Wöhlerlinie der BJT Umlaufbiegeproben aus 17-4PH (ρ_{rel} = 99,5 %)

SN-Curve of the BJT Rotary Bending Specimens made of 17-4PH (ρ_{rel} = 99.5 %)

Die Wöhlerlinie ist in **Bild 9-8** dargestellt. Der Laststufensprung wurde auf ΔS = 25 MPa erhöht, da gemäß DIN EN 3484:2020-03 für 1.4542 bzw. X5CrNiCuNb16-4 im lösungsgeglühten Zustand eine Zugfestigkeit von $R_m \geq 1240$ MPa angegeben wird [DIN20b]. Die Berechnung erfolgte analog zu den Binder Jetting Umlaufbiegeproben. Sowohl die Treppenstufe des dauerfesten Bereiches (Bild 12-1) der konventionell gefertigten Umlaufbiegeproben als auch das Zeitfestigkeitsschaubild (Bild 12-2) sind im Anhang dieser Arbeit hinterlegt.

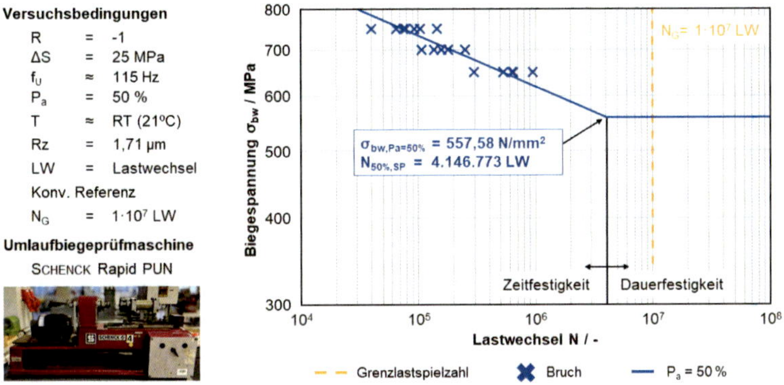

Bild 9-8: Wöhlerlinie der konventionell gefertigten Umlaufbiegeproben aus 17-4PH

SN-Curve of the conventionally manufactured Rotary Bending Specimens made of 17-4PH

Der Schnittpunkt der Zeitfestigkeits- und der Dauerfestigkeitsgeraden lag bei der Wechselfestigkeit aus Umlaufbiegung von $\sigma_{bw,Pa=50\%} = 557{,}58$ N/mm^2 sowie einer Lastspielzahl von $N_{50\%,SP} = 4.146.773$ LW. Somit zeigen die konventionell gefertigten Umlaufbiegeproben eine um Δ = 39,6 % erhöhte Biegewechselfestigkeit im Bereich der Dauerfestigkeit verglichen mit den mittels Binder Jetting gefertigten Proben.

Zudem wurden zur Analyse des Einflusses der Bauteildichte auf die Biegewechselfestigkeit Umlaufbiegeproben (analog zu den Zahnrädern, vgl. Kapitel 7.2.2) mittels Binder Jetting nach der Fertigung auf eine relative Zieldichte $\rho_{rel} = 94$ % gesintert. Die Versuchsbedingungen entsprachen denen der Umlaufbiegeproben der relativen Dichte von $\rho_{rel} = 99{,}5$ %. Der Mittelwert der Biegewechselfestigkeit σ_{bw} beim Spannungsverhältnis R = -1 im Umlaufbiegeversuch lag bei $\sigma_{bw,mittel} = 337{,}50$ N/mm^2. Somit wurde aufgrund der geringeren Dichte eine um Δ = 15 % reduzierte Biegewechselfestigkeit im Umlaufbiegeversuch verglichen mit den Proben mit einer mittleren relativen Dichte $\rho_{rel} = 99{,}5$ % detektiert. Anzumerken ist, dass aufgrund der erhöhten Bauteilporosität von $\varepsilon_P = 6$ % deutliche Schwankungen (ähnlich wie bei den Zahnrädern) der vor dem Bruch erreichten Lastschwingzahlen bei gleichem Lastniveau bei den Umlaufbiegeproben auftraten. Der Übergang vom zeitfesten in den dauerfesten Bereich lag bei N = 164.218.815 Lastwechseln und somit deutlich oberhalb der Grenzschwingzahl $N_G = 10^7$. Sowohl die Treppenstufe des dauerfesten Bereiches (Bild 12-3) der BJT

Umlaufbiegeproben mit ρ_{rel} = 94 % als auch das Zeitfestigkeitsschaubild (Bild 12-4) und die abgeleitete Wöhlerlinie (Bild 12-5) sind im Anhang dieser Arbeit hinterlegt.

9.5 Bruchflächenanalyse der Binder Jetting Umlaufbiegeproben

Fracture Surface Analysis of the Binder Jetting Rotary Bending Specimens

Die Analyse der Bruchflächen der Binder Jetting Umlaufbiegeproben mittels Rasterelektronenmikroskop (REM) des Typs JSM 6400 der Firma JEOL ermöglichte eine zusätzliche qualitative Betrachtung des potenziellen Bruchausganges sowie die Detektion möglicher Fehlstellen im Gefüge. Sämtliche Umlaufbiegeproben zeigten einen oberflächennahen Rissausgang. Anbindungsfehler oder ähnliche Defekte, welche auf einen fehlerbehafteten Druckprozess hinweisen, wurden nicht detektiert. Aufgrund der im Versuch auftretenden Wechselbelastung der Proben (R = -1) ist bei den meisten Proben ein deutlicher Schwingbruchbereich ersichtlich, vgl. exemplarisch **Bild 9-9**.

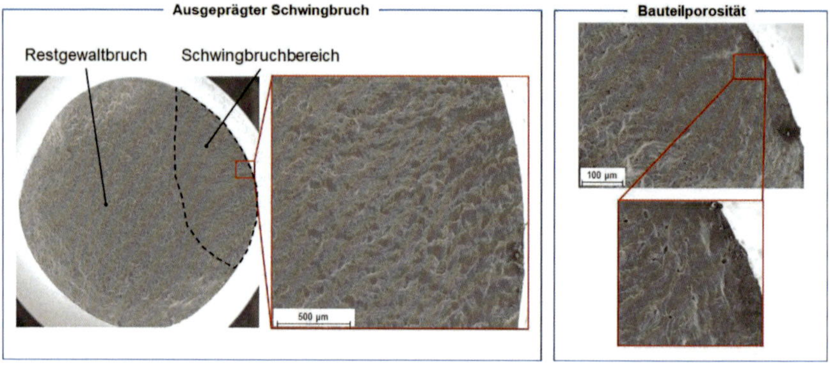

Bild 9-9: Bruchflächenanalyse einer BJT Umlaufbiegeprobe Umlaufbiegeproben aus 17-4PH (ρ_{rel} = 99,5 %)

Fracture Surface Analysis of a BJT Rotary Bending Specimen made of 17-4PH (ρ_{rel} = 99.5 %)

Lediglich die Bruchflächen der Proben aus der Zeitfestigkeitsuntersuchung zeigen aufgrund der deutlich höheren Spannungen im Versuch vermehrt einen Restgewaltbruch und nur einen kleinen Schwingbruchbereich. Der Schwingbruchbereich ist durch eine fein strukturierte Oberfläche gekennzeichnet, während der Bereich des Restgewaltbruchs eine raue Oberfläche aufweist [GÖTZ22]. Vereinzelt auftretende Auffälligkeiten der Bruchflächenanalyse der BJT-Proben sind oberflächennahe Oxide im Probeninneren sowie Poren, beispielhaft dargestellt in Bild 9-9 rechts. Für die Detektion von Oxiden wurde im REM das sogenannte Materialkontrastbild, welches auf der Analyse von Rückstreuelektronen basiert [KLOC17a], verwendet. Die verschiedenen chemischen Elemente werden im Materialkontrastbild in unterschiedlicher Graufärbung dargestellt. Oxide und auch Poren heben sich durch ein dunkleres Erscheinungsbild deutlich von der sonstigen Probenoberfläche ab. Kleinste Poren sind rechts in Bild 9-9 erkennbar - jedoch ist darauf hinzuweisen, dass nicht jede dunkle Fläche eine Pore darstellt, sondern die typische Oberfläche eines Schwingbruchbereiches zeigt. Darüber hinaus wurden ebenfalls die Bruchflächen der konventionell gefertigten Umlaufbiegeproben aus 17-4PH im REM analysiert. Ebenso wurde ein oberflächennaher Rissausgang, sowie ein Schwingbruchbereich bei den Proben festgestellt. Infolge des volldichten Werkstoffs wurden keine Poren detektiert.

9.6 Ableitung der Zahnfußtragfähigkeit aus Umlaufbiegeversuchen

Derivation of the Tooth Bending Strength based on Rotary Bending Specimens

Im Folgenden wird die Nutzbarkeit der Ergebnisse der Biegewechselfestigkeit (bei Umlaufbiegung) zur Abschätzung der Zahnfußtragfähigkeit von Zahnrädern diskutiert. Die Ergebnisse wurden wegen des Schwerpunktes dieser Arbeit ohne die Analyse werkstoffwissenschaftlicher Zusammenhänge detailliert ausgewertet. Sämtliche Fertigungsschritte und -parameter bleiben im Vergleich zur Zahnradfertigung unverändert. Die Bewertung wird aus den Untersuchungsergebnissen der Kapitel 7.2 (Untersuchung der Zahnfußtragfähigkeit) und 9.4 (Ermittlung der Biegewechselfestigkeit) abgeleitet. Der Abgleich der Ergebnisse der dauerfesten Biegewechselfestigkeit bei Umlaufbiegung σ_{bw} der BJT Umlaufbiegeproben mit den Ergebnissen der schmelzmetallurgischen Referenzproben aus 17-4PH zeigte eine um Δ = 39,6 % höhere Biegewechselfestigkeit der Referenzproben. Eine mit Δ = 33,8 % vergleichbare Erhöhung war hinsichtlich der dauerfesten Zahnfußnennspannung σ_{F0} bei den konventionell gefertigten 17-4PH Zahnrädern in Bezug auf die Binder Jetting Zahnräder mit ρ_{rel} = 99 % zu detektieren. Hinsichtlich der ermittelten Zahnfußnennspannungen σ_{F0} und der ermittelten Biegewechselfestigkeiten σ_{bw} sind ebenso qualitativ vergleichbare Unterschiede detektierbar, vgl. **Bild 9-10**. Die ermittelte dauerfeste mittlere Zahnfußnennspannung der BJT Zahnräder mit ρ_{rel} = 99 % betrug σ_{F0} = 708,96 N/mm^2 (Kapitel 7.2.1). Bezogen auf die dauerfeste mittlere Wechselfestigkeit der BJT Umlaufbiegeproben mit ρ_{rel} = 99,5 % von σ_{bw} = 399,41 N/mm^2 entspricht dies einer Erhöhung um Δ = 77,5 %. Die ermittelte dauerfeste Zahnfußnennspannung der konventionellen 17-4PH Zahnräder ist mit σ_{F0} = 948,69 N/mm^2 um Δ = 70,1 % höher als die ermittelte dauerfesten Biegewechselfestigkeit der konventionellen 17-4PH Umlaufbiegeproben mit σ_{bw} = 557,58 N/mm^2. Zur validen Ableitung einer Kennzahl oder eines Umrechnungsfaktors - zum Beispiel $F_{U,ZR} \approx 1,7$ - zur Abschätzung der Zahnfußnennspannung und somit der Zahnfußtragfähigkeit auf Basis der Biegewechselfestigkeit bei Umlaufbiegung ist eine deutlich größere Anzahl an Untersuchungen notwendig. Dieser Faktor weist lediglich für die in dieser Arbeit untersuchten Spannungsverhältnisse sowie für Werkstoffe mit vergleichbarer Mittelspannungsempfindlichkeit Gültigkeit auf. Die detektierte qualitative Analogie der Ergebnisse zwischen den mechanischen Kennwerten zeigt jedoch, dass eine grundsätzliche Verwendbarkeit von Umlaufbiegeproben zur initialen Abschätzung der Zahnfußtragfähigkeit möglich ist. Zudem ist zukünftig die Untersuchung weiterer Werkstoffproben (bei analogen Fertigungsschritten dieser Arbeit) für andere Spannungsverhältnisse sinnvoll, um ein vollständiges HAIGH-Diagramm abzuleiten.

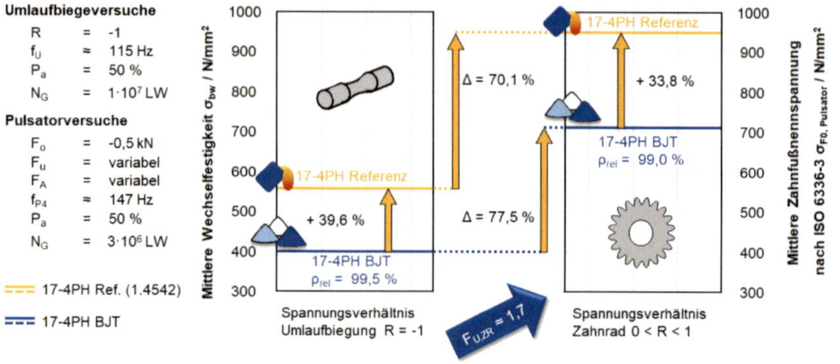

Bild 9-10: Übersicht der ermittelten Dauerfestigkeiten (17-4PH)

Overview of the Determined Endurance Strength (17-4PH)

Sowohl die Ergebnisse (zusammengefasst in Bild 12-6 im Anhang) der Zahnräder (Kapitel 7.2.2) als auch der Umlaufbiegeproben (Kapitel 9.4) mit einer relativen Dichte von ρ_{rel} = 94 % lassen aufgrund extremer Schwankungen valide Aussagen zur Tragfähigkeit von Binder Jetting Bauteilen mit erhöhter Porosität nicht zu. Der Umrechnungsfaktor $F_{U,ZR}$ ≈ 1,7 zur Abschätzung der Zahnfußnennspannung ist nicht gültig. Zur Einsparung von Gewicht oder dem Einbringen von für die Pulvermetallurgie typischen Dämpfungseffekten (NVH) aufgrund einer Bauteilporosität sollten zukünftig Untersuchungen hinsichtlich Radkörpermodifikationen bei nahezu volldichten Bauteilen respektive Zahnrädern durchgeführt werden.

9.7 Fazit

Conclusion

Für die Werkstoffprüfung additiv gefertigter Proben wird gemäß VDI-Richtlinie 3405 Blatt 2 aufgrund der kleinen Probengeometrie die Umlaufbiegeprüfung empfohlen [VDI13]. Die Nutzung von Werkstoffproben optimiert potenziell zukünftig eine Prozessauslegung sowie die Untersuchung von Prozessvariationen beim Binder Jetting auf die Zahnfußtragfähigkeit sowohl ökologisch als auch ökonomisch. Analog zu den bisherigen Untersuchungen zur Zahnfußtragfähigkeit von Zahnrädern aus dem Edelstahl 17-4PH (Kapitel 7) wurden sowohl additiv mittels Binder Jetting (ρ_{rel} = 99,5 % und ρ_{rel} = 94 %) als auch konventionell (schmelzmetallurgisch) gefertigte Umlaufbiegeproben hinsichtlich Biegewechselfestigkeit untersucht und jeweils ein Wöhlerdiagramm abgeleitet. Die Fertigungsschritte und -parameter wurden von den BJT Zahnrädern (Kapitel 6) übernommen. Auf diese Weise war erneut die Einordnung und Bewertung der Leistungsfähigkeit additiv mittels Binder Jetting gefertigter Prüfkörper durch Vergleich mit der schmelzmetallurgischen Referenz möglich. Die Ergebnisse wurden wegen des Schwerpunktes dieser Arbeit ohne die Analyse werkstoffwissenschaftliche Zusammenhänge detailliert ausgewertet. Sämtliche Untersuchungsergebnisse sind lediglich für die definierte Ausfallwahrscheinlichkeit P_a = 50 % gültig. Wöhlerdiagrammen bei Umlaufbiegung liegt das Spannungsverhältnis R = -1 (Zug-Druck-Wechsellast) zugrunde. Da Zahnräder während des Pulsatorversuches sowie der einseitigen Drehrichtung im Laufversuch im Spannungsverhältnisbereich 0 < R <1 (Zugschwellast) belastet werden, sind die Wöhlerdiagramme bzw. die unterschiedlichen Spannungen nicht quantitativ miteinander vergleichbar und können lediglich für eine qualitative Abschätzung herangezogen werden.

Eine Erhöhung um Δ = 33,8 % war hinsichtlich der dauerfesten Zahnfußnennspannung σ_{F0} bei den konventionell gefertigten 17-4PH Zahnrädern in Bezug auf die BJT Zahnräder mit ρ_{rel} = 99 % zu detektieren. Der Mittelwert der Doppelamplitude lag bei $2 \cdot F_{A,mittel}$ = 15,38 kN, sowie einer errechneten Zahnfußnennspannung σ_{F0} = 948,69 N/mm^2. Diese Differenz der Tragfähigkeitsergebnisse von pulvermetallurgischen Zahnrädern hin zur schmelzmetallurgischen Referenz war gemäß dem Stand der Technik zu erwarten. Die Untersuchung der BJT Umlaufbiegeproben detektierten einen Mittelwert der Biegewechselspannung σ_{bw} beim Spannungsverhältnis R = -1 im Umlaufbiegeversuch von $\sigma_{bw,mittel}$ = 399,41 N/mm^2. Die dauerfeste Biegewechselfestigkeit im Umlaufbiegeversuch der konventionell gefertigten Proben lag bei $\sigma_{bw,mittel}$ = 557,58 N/mm^2. Somit zeigten die konventionell gefertigten Umlaufbiegeproben eine um Δ = 39,6 % höhere Biegewechselfestigkeit im Umlaufbiegeversuch verglichen mit den mittels Binder Jetting gefertigten Proben.

Verglichen mit der betragsmäßigen dauerfesten Biegewechselfestigkeit der BJT Umlaufbiegeproben, entspricht der Wert der Zahnfußnennspannung einer Erhöhung um Δ = 77,5 %. Die ermittelte dauerfeste Zahnfußnennspannung der konventionellen 17-4PH Zahnräder ist um Δ = 70,1 % höher als die ermittelte dauerfeste Biegewechselfestigkeit der konventionellen 17-4PH Umlaufbiegeproben. Zur validen Ableitung einer Kennzahl oder eines Umrechnungsfaktors - zum Beispiel $F_{U,ZR} \approx 1{,}7$ - zur Abschätzung der Zahnfußnennspannung und somit der Zahnfußtragfähigkeit auf Basis der Biegewechselfestigkeit aus Umlaufbiegeversuchen ist eine deutlich größere Anzahl an Untersuchungen notwendig. Dieser Faktor weist lediglich für die in dieser Arbeit untersuchten Spannungsverhältnisse sowie für Werkstoffe mit vergleichbarer Mittelspannungsempfindlichkeit Gültigkeit auf. Die detektierte qualitative Analogie der Ergebnisse durch eine vergleichbare prozentuale Leistungssteigerung zwischen den mechanischen Kennwerten zeigte jedoch, dass eine grundsätzliche Verwendbarkeit von Umlaufbiegeproben zur initialen Abschätzung der Zahnfußtragfähigkeit möglich ist. Somit wurde die vierte Forschungsfrage beantwortet. Die Zahnfußtragfähigkeit von Binder Jetting Zahnrädern aus dem Werkstoff 17-4PH kann durch die Nutzung von Umlaufbiegeproben wirtschaftlich abgeschätzt werden.

Des Weiteren wurde der Einfluss der Bauteildichte auf die Wechselfestigkeit aus Umlaufbiegung untersucht und ebenso mit den Werten der Zahnfußnennspannung abgeglichen. Dazu wurden Umlaufbiegeproben mittels Binder Jetting nach der Fertigung auf eine relative Zieldichte ρ_{rel} = 94 % gesintert. Die Streuung der Ergebnisse erlaubte keine valide Aussage zur Tragfähigkeit von Binder Jetting Bauteilen mit erhöhter Porosität. Zur Einsparung von Gewicht oder dem Einbringen von für die Pulvermetallurgie typischen Dämpfungseffekten aufgrund einer Bauteilporosität sollten zukünftig Untersuchungen - auf Basis der wissenschaftlichen Untersuchungen in dieser Arbeit zum Druckprozess - hinsichtlich Radkörpermodifikationen bei nahezu volldichten Bauteilen respektive Zahnrädern durchgeführt werden. Des Weiteren sollten werkstoffwissenschaftliche Einflüsse (beispielsweise durch die gezielte Auslegung der Wärmebehandlungsprozesse) zukünftig systematisch untersucht werden.

10 Zusammenfassung und Ausblick

German Summary and Outlook

Im Bereich mechanisch hoch belasteter Antriebsbauteile ist die additive Fertigung metallischer Werkstoffe bisher nicht als Fertigungsalternative etabliert, da trotz optimierter Prozessführung geringere mechanische Festigkeitskennwerte im Zeit- und Dauerfestigkeitsbereich resultieren. Der häufigste Versagensmechanismus pulvermetallurgisch hergestellter Zahnräder ist der Bruch im Zahnfuß aufgrund der Biegebelastung [STRE97, KOTT03]. Die Herstellung pulvermetallurgischer Zahnräder durch Matrizenpressen ist aufgrund der speziellen Anlagentechnik erst bei großen Losgrößen bzw. in der Serienfertigung wirtschaftlich [BERG20b]. Das Binder Jetting (BJT) von Zahnrädern bietet bei ähnlicher Prozesskette die Möglichkeit, die wirtschaftliche, ressourceneffiziente und endkonturnahe Fertigung von individualisierten Zahnrädern in der Kleinserien- und Prototypenfertigung prozesssicher und reproduzierbar abzubilden. Da bislang keine Auslegungsmethode des Binder Jetting Druckprozesses zur Fertigung von hochbelastbaren Zahnrädern existierte, war das *Ziel der vorliegenden Arbeit* die Auslegung des Druckprozesses beim Binder Jetting zur Fertigung von Zahnrädern mit hoher Zahnfußtragfähigkeit. Die für den Binder Jetting Prozess auf der verwendeten Versuchsmaschine DM P2500 der Firma DIGITAL METAL AB zur Verarbeitung zertifizierten nichtrostenden Edelstähle 316L (X2CrNiMo17-12-2, austenitische Stahllegierung mit geringem Kohlenstoffgehalt) und 17-4PH (X5CrN-CuNb16-4, martensitisch rostfreier ausscheidungshärtbarer Stahl) wurden berücksichtigt. Beide für den Binder Jetting Prozess etablierten Werkstoffe sind nicht den typischen Zahnradwerkstoffen zuzuordnen, dienten aber der erstmaligen Ableitung von Binder Jetting Druckparametern für die komplexe Zahnradfertigung. Daher war die wissenschaftliche Auslegung der folgenden thermischen Nachbehandlung nach dem Druckprozess sind nicht Teil dieser Arbeit. Die Entbinderung und Sinterung wurde durch einen externen Dienstleister initial (iterativ) ausgelegt und ausgeführt. Die Bewertung und Verifizierung erfolgte zum einen anhand der rissfreien Fertigung und Reproduzierbarkeit der mechanischen Eigenschaften, sowie zum anderen durch die resultierende Zahnfußtragfähigkeit. Die generierten Ergebnisse konnten durch den Vergleich mit der Zahnfußtragfähigkeit von schmelzmetallurgisch, subtraktiv gefertigten Zahnrädern gleichen Werkstoffes und gleicher Geometrie eingeordnet werden. Zudem wurde analysiert, inwieweit die Zahnfußtragfähigkeit von Binder Jetting Zahnrädern durch die Nutzung von Werkstoffproben ressourceneffizient abgeschätzt werden kann.

Die ersten Untersuchungen bzw. Stichversuche zur Fertigung von Zahnrädern mittels BJT sowie der Analyse der Zahnfußtragfähigkeit wurden mit dem Werkstoff 316L (Edelstahl X2CrNiMoN17-12-2) durchgeführt. Dieser metallische Werkstoff ist für das Binder Jetting Verfahren zertifiziert und etabliert [ANDE18]. Die Zahnräder wurden analog des Matrizenpressens auf eine relativen Dichte ρ_{rel} = 92 % durch einen externen Dienstleister gesintert und zur Verdichtung der hochbelasteten Randzone mittels Außenquerwalzens nachverdichtet. Im Anschluss an die Fertigung wurden sowohl die Dauerfestigkeit als auch die Zeitfestigkeit der Zahnräder im Zahnfuß untersucht und eine Wöhlerlinie wurde abgeleitet. Die Reproduzierbarkeit der Ergebnisse verifizierte die Eignung des Binder Jettings für Zahnräder. Da der Werkstoff 17-4PH (Edelstahl X5CrNiCuNb16-4) deutlich höhere Festigkeitskennwerte aufweist und somit eine höhere Zahnfußtragfähigkeit impliziert, wurden in Stichversuchen ohne den Prozessschritt des Außenquerwalzens bei unveränderten Prozessparametern (verglichen mit der Zahnradfertigung aus 316L) Zahnräder gefertigt und hinsichtlich Zahnfußtragfähigkeit untersucht. Einige Zahnräder wiesen Spannungsrisse nach dem Entbindern und Sintern auf. Somit konnte lediglich ein Screening zur Untersuchung der Zahnfußtragfähigkeit durchgeführt werden. Zudem wurde ein ungleichmäßiges Schleifaufmaß respektive Untermaß auf den Flanken detektiert. Der Abgleich mit der Zahnfußnennspannung dichtgewalzter Zahnräder aus 316L zeigte eine Erhöhung um nahezu Δ = 95 %.

Ausgehend von den Kenntnissen der Voruntersuchungen wurden durch eine gezielte Anpassung der Parameter des Druckprozesses die Prozessstabilität, die Reproduzierbarkeit und damit einhergehend die Zahnfußtragfähigkeit weiter gesteigert. Der Druckprozess von Binder Jetting Zahnrädern aus dem Werkstoff 17-4PH war anhand verschiedener Stellgrößen optimierbar. Der Einfluss unterschiedlicher Druckparameter auf die Zahnfußtragfähigkeit von Binder Jetting Zahnrädern wurde untersucht. Resultierend aus den Erkenntnissen der nachgelagerten, nicht wissenschaftlich analysierten thermischen Prozesse - vereinzelt wurden Spannungsrisse im Zahnrad sowohl nach dem Entbindern als auch nach dem Sintern detektiert - wurden zusätzlich konstruktive Stützstrukturen entwickelt und im Zahnraddruckprozess gefertigt. Durch das konstruktive Einbringen eines Zylindergrünteils in der Zahnradbohrung wurde im Rahmen dieser Arbeit der kritische Übergangsbereich zwischen dem sich statisch verhaltenden Pulver in der Zahnradbohrung und dem dynamischen Bauteilgrünteil reduziert und die Gefahr von Rissbildung beim Curing minimiert. Die Prozessstabilität des Entbinderns und Sinterns konnte vor allem durch die zur Hilfenahme einer Netzscheibe zur Reduzierung der Reibung zwischen Zahnrad und der keramischen Sinterunterlage deutlich erhöht werden. Aufgrund des in der geometrischen Analyse nach dem Sintern detektierten Untermaßes auf den Zahnflanken respektive eines zu geringen Schleifaufmaßes, wurden die in den Voruntersuchungen abgeschätzten Skalierungsfaktoren erhöht, um der Sinterschwindung vorzubeugen. Die Zahnräder wurden in Schutzgasatmosphäre (Wasserstoff H_2) in einem Durchlaufofen entbindert und gesintert. Die maximale Sintertemperatur der Zahnräder aus 17-4PH betrug bei einer relativen Sinterdichte ρ_{rel} = 99 % T_S = 1370 °C. Des Weiteren wurde durch den externen Dienstleister der Sinterprozess zum Erreichen relativer Dichten von ρ_{rel} = 77 % und ρ_{rel} = 94 % ausgelegt. Zur Vorhersage der Sinterschwindung wurde die Beschreibung der Gesetzmäßigkeit in einer Formel abgeleitet. Nach dem Schleifprozess wurden die BJT Zahnräder mit einer relativen Sinterdichte von ρ_{rel} = 99 % und ρ_{rel} = 94 % und die konventionell gefertigten Zahnräder hinsichtlich der Zahnfußtragfähigkeit untersucht.

Der durchschnittliche Mittelwert der ertragbaren dauerfesten Doppelamplitude der BJT Zahnräder der Dichte ρ_{rel} = 99 % lag bei einer ertragbaren Zahnfußspannung von σ_{F0} = 708,96 N/mm^2. Eine Erhöhung um Δ = 33,8 % war hinsichtlich der dauerfesten Zahnfußnennspannung σ_{F0} (σ_{F0} = 948,69 N/mm^2) bei den konventionell gefertigten

17-4PH Zahnrädern in Bezug auf die BJT Zahnräder mit ρ_{rel} = 99 % zu detektieren. Die Untersuchung der BJT Zahnräder der Dichte ρ_{rel} = 94 % ergab einen Mittelwert der errechneten Zahnfußnennspannung σ_{F0} = 531,85 N/mm^2. Die Bauteilporosität bzw. Bauteildichte und damit einhergehend auch die Bauteilhärte zeigte einen deutlich größeren Einfluss auf die Zahnfußtragfähigkeit verglichen mit den Eigenspannungswerten. Sämtliche Analysen und generierten empirischen Erkenntnisse zur Auslegung des Druckprozesses und der resultierenden Zahnfußtragfähigkeit von Binder Jetting Zahnrädern aus 17-4PH wurden zusammengeführt.

Zudem wurde abgeleitet, dass die Zahnfußtragfähigkeit von Binder Jetting Zahnrädern durch die Nutzung von Umlaufbiegeproben als Werkstoffproben [VDI13] ressourceneffizient initial abgeschätzt werden kann. Dies optimiert potenziell zukünftig eine Prozessauslegung sowie die Untersuchung von Prozessvariationen beim Binder Jetting auf die Zahnfußtragfähigkeit sowohl ökologisch als auch ökonomisch. Da den Wöhlerdiagrammen bei Umlaufbiegung verglichen mit den Zahnrädern ein anderes Spannungsverhältnis zugrunde liegt, sind die Wöhlerdiagramme bzw. die unterschiedlichen Spannungen nicht quantitativ miteinander vergleichbar und können lediglich für eine qualitative Abschätzung herangezogen werden. Analog zu den bisherigen Untersuchungen zur Zahnfußtragfähigkeit von Zahnrädern aus dem Edelstahl 17-4PH wurden sowohl additiv mittels Binder Jetting (ρ_{rel} = 99,5 % und ρ_{rel} = 94 %) als auch konventionell (schmelzmetallurgisch) gefertigte Umlaufbiegeproben hinsichtlich Biegewechselfestigkeit untersucht und jeweils ein Wöhlerdiagramm abgeleitet. Die konventionell gefertigten Umlaufbiegeproben zeigten eine um Δ = 39,6 % höhere Biegewechselfestigkeit im Umlaufbiegeversuch verglichen mit den mittels Binder Jetting (ρ_{rel} = 99,5 %) gefertigten Proben. Zur validen Ableitung einer Kennzahl oder eines Umrechnungsfaktors - zum Beispiel $F_{U,ZR} \approx 1{,}7$ - zur Abschätzung der Zahnfußnennspannung und somit der Zahnfußtragfähigkeit auf Basis der Biegewechselfestigkeit aus Umlaufbiegeversuchen ist eine deutlich größere Anzahl an Untersuchungen notwendig. Dieser Faktor weist lediglich für die in dieser Arbeit untersuchten Spannungsverhältnisse sowie für Werkstoffe mit vergleichbarer Mittelspannungsempfindlichkeit Gültigkeit auf. Die detektierte qualitative Analogie der Ergebnisse durch eine vergleichbare prozentuale Leistungssteigerung zwischen den mechanischen Kennwerten zeigte jedoch, dass eine grundsätzliche Verwendbarkeit von Umlaufbiegeproben zur initialen Abschätzung der Zahnfußtragfähigkeit möglich ist. Zudem ist zukünftig die Untersuchung weiterer Werkstoffproben (bei analogen Fertigungsschritten dieser Arbeit) für andere Spannungsverhältnisse sinnvoll, um ein vollständiges HAIGH-Diagramm abzuleiten.

Somit ist - sollten zukünftig weitere Anpassungen des Druckprozesses aufgrund von Modifikationen oder weiteren Werkstoffentwicklungen nötig sein - die Verwendung der Werkstoffproben zur ersten Abschätzung der Fußtragfähigkeit ausreichend.

Darüber hinaus zeigt die hohe Streuung der analysierten Zahnräder und Umlaufbiegeproben der Dichte ρ_{rel} = 94 %, dass eine möglichst hohe Bauteildichte im Prozess anzustreben ist. Aufgrund dessen und auch der verhältnismäßig geringen Tragfähigkeit sollten mittels Binder Jetting gefertigte Zahnräder - auf Basis der wissenschaftlichen

Untersuchungen in dieser Arbeit zum Druckprozess - mit möglichst hoher Bauteildichte gefertigt werden. Des Weiteren sollten werkstoffwissenschaftliche Einflüsse (beispielsweise durch die gezielte Auslegung der Wärmebehandlungsprozesse) auf die Zahnfußtragfähigkeit zukünftig systematisch untersucht werden. Zudem könnte die Zahnfußtragfähigkeit von Binder Jetting Zahnrädern durch eine Werkstoffentwicklung - beispielsweise durch Entwicklung eines Werkstoffpulvers für das Binder Jetting mit den Eigenschaften eines Einsatzstahls - weiter erhöht werden. In Zukunft sollte zudem die Flankentragfähigkeit von Binder Jetting Zahnrädern untersucht werden, um eine ganzheitliche Bewertung der Tragfähigkeit von BJT Zahnrädern auf Basis des ausgelegten Druckprozesses vornehmen zu können.

Summary and Outlook

Additive manufacturing has not yet been established in the area of mechanically highly stressed drive components, as lower strength values result despite optimized process control. The most common failure mechanism of powder metallurgically manufactured gears is tooth root fracture due to bending stress [STRE97, KOTT03]. Due to the specific process technology, the manufacturing of PM gears with die pressing is only economical for large batch sizes in series production [BERG20b]. Binder Jetting (BJT) of gears offers the possibility of reproducing the advantages of powder metallurgically manufactured gears in small series and prototype production with a similar process chain. Since no design guideline exists for the printing process of highly stressed Binder Jetting gears, the *objective of this thesis* was to design the printing process in Binder Jetting for the manufacturing of gears with a high tooth bending strength. The focus of this work was on the stainless steels 316L (X2CrNiMo17-12-2) and 17-4PH (X5CrN-CuNb16-4), which are certified using DIGITAL METAL AB's DM P2500. Both Binder Jetting materials are not typical gear materials, but were used for the first time to derive Binder Jetting printing parameters for complex gear manufacturing. Therefore, the scientific design of the subsequent thermal post-treatment after the printing process was not part of this work. Debinding and sintering were initially (iteratively) designed and performed by an external supplier. The evaluation of the printing process was based on the crack-free production and reproducibility of the mechanical properties on the one hand, and on the resulting tooth bending strength on the other. The results could be classified by comparing the tooth bending strength with those of conventional reference gears of the same material and geometry. Moreover, the use of rotary bending specimens as material samples for initial estimation of the tooth bending strength of Binder Jetting gears resource efficiently was analyzed.

Initial investigations respective stitch trials on the manufacturing of gears using BJT as well as the analysis of the tooth bending strength were conducted with the material 316L (stainless steel X2CrNiMoN17-12-2). This material is certified and established for the Binder Jetting process [ANDE18]. The gears were sintered after printing with regard to a relative density of ρ_{rel} = 92 % by an external supplier. The near surface zone of the BJT gears was compacted by densification rolling. After manufacturing, both the fatigue strength and the endurance strength of the gears were analyzed. The results were summarized in a SN-curve. The reproducibility of the results verified the suitability of BJT in gear production for the first time. Since the material 17-4PH (stainless steel X5CrNiCuNb16-4) has significantly higher strength values and therefore implies a higher tooth bending strength, gears were produced in stitch trials without the process step of densification rolling and with unchanged process parameters (compared to gear production from 316L) and tested regarding tooth bending strength. Some gears had cracks after debinding and sintering. This meant that only a screening could be performed to examine the tooth bending strength. In addition, an uneven grinding allowance or undersize on the flanks was detected. The comparison with the nominal tooth root stress of densified gears made of 316L showed an increase of almost Δ = 95 %.

Based on the knowledge gained from the preliminary investigations, the process stability of the printing process, the reproducibility and thus the tooth bending strength were further increased through systematic adjustment of the process parameters. The printing process of Binder Jetting gears made of the stainless steel 17-4PH was optimized by various control variables. As a result of the knowledge gained from the subsequent, not scientifically analyzed thermal processes - stress cracks were occasionally detected in the gear both after debinding and after sintering - additional support structures were developed and manufactured in the gear printing process. Due to the constructive insertion of a cylindrical green part in the gear bore, the critical transition area between the statically behaving powder and the dynamic component green part was reduced and the risk of crack formation during curing was minimized. The process stability of debinding and sintering was significantly increased, particularly by using a mesh disk to reduce the friction between the gear and the ceramic sintering base. Due to the undersize on the tooth flanks detected in the geometric analysis after sintering or an insufficient grinding allowance, the scaling factors estimated in the preliminary investigations were increased in order to prevent undersize due to sintering shrinkage. The gears were debinded and sintered in a continuous furnace using an inert atmosphere (hydrogen H_2). The maximum sintering temperature of the gears made of 17-4PH was T_S = 1370 °C at a relative sintering density of ρ_{rel} = 99 %. Furthermore, the sintering process was designed by an external supplier to achieve relative densities of ρ_{rel} = 77 % and ρ_{rel} = 94 %. To predict the sintering shrinkage, the description of the regularity was derived in an equation. After the grinding process, the BJT gears with a relative sintering density of ρ_{rel} = 99 % and ρ_{rel} = 94 % and the conventionally manufactured gears were examined with regard to their tooth bending strength.

The mean value of the endurable double amplitude of the BJT gears with a density of ρ_{rel} = 99 % corresponded to an endurable nominal tooth root stress of σ_{F0} = 708.96 N/mm². An increase of Δ = 33.8 % was observed with regard to the nominal tooth root stress σ_{F0} (σ_{F0} = 948.69 N/mm²) for the conventionally manufactured 17-4PH gears compared to the BJT gears with ρ_{rel} = 99 %. The investigation of the BJT gears with a density of ρ_{rel} = 94 % resulted in an average value of the calculated nominal tooth root stress of σ_{F0} = 531.85 N/mm². The component porosity or component density and thus also the component hardness showed a significantly stronger influence on the tooth bending strength compared to the residual stress values. All of the analyses and empirical knowledge generated for the design of the printing process and the resulting tooth bending strength of Binder Jetting gears made of 17-4PH were synthesized.

Moreover, the use of rotary bending specimens as material samples [VDI13] for initial estimation of the tooth bending strength of Binder Jetting gears resource efficient was determined. The use will allow the process design and the investigation of process variations in Binder Jetting for tooth bending strength to be optimized both ecologically and economically in the future. Since the SN-curves for alternating bending are based on a different stress ratio compared to the gears, the SN-curves and the different stress ratios are not quantitatively comparable and can only be used for a qualitative assessment. In analogy to the previous investigations on the tooth bending strength of gears made of stainless steel 17-4PH, both additively (BJT, ρ_{rel} = 99.5 % und ρ_{rel} = 94 %) and conventionally (wrought) manufactured rotary bending specimens are analyzed with regard to their alternating strength. The results are each summarized in a SN-curve. The conventionally manufactured rotary bending specimens showed an increase in endurance strength of Δ = 39.6 % in the rotary bending test compared to the specimens manufactured using Binder Jetting. In order to validly derive a characteristic value or a conversion factor like $F_{U,ZR} \approx 1.7$ for estimating the nominal tooth root stress and hence the tooth bending strength based on the alternating strength from rotary bending tests, a significantly larger number of trials is required. This factor is only valid for the stress ratios investigated in this thesis and for materials with comparable mean stress sensitivity. However, the detected qualitative analogy of the results due to a comparable percentage increase in performance between the mechanical characteristics, showed that it is in principle possible to use rotary bending specimens for the initial estimation of the tooth bending strength. In addition, the investigation of further material samples (in analogous production steps of this work) for other stress ratios is useful in the future to derive a complete HAIGH-diagram.

Therefore, if further adjustments in the printing process are required in the future due to modifications or material developments, the use of the material samples is sufficient for an initial estimation of the tooth bending strength. In addition, the high scatter of the analyzed gears and rotary bending specimens with a density of ρ_{rel} = 94 % shows that the highest possible component density should be aimed for in the process. For this reason, and also due to the relatively low load capacity, gears manufactured by Binder Jetting should be produced with the highest possible component density on the basis of the scientific investigations on the printing process conducted in this thesis. In addition, the influence of material science (e.g., through the systematic design of heat treatment processes) on the tooth bending strength should be systematically investigated in the future. Moreover, the tooth bending strength of Binder Jetting gears can be further increased through the development and certification of further materials, especially by developing a Binder Jetting powder with the properties of a case-hardened steel. In the future, the flank load capacity of Binder Jetting gears should also be investigated in order to be able to provide a holistic assessment of the load capacity of BJT gears based on the designed printing process.

11 Literaturverzeichnis

Bibliography

[AKST07] AKSteel: Data Sheet 420 Stainless Steel. 2007

[AMER04] Norm AGMA 2101-D04 (Dezember 2004) Fundamental rating factors and calculation methods for involute spur and helical gear teeth.

[ANDE18] Andersen, O.; Studnitzky, T.; Hein, S.; Riecker, S.; Quadbeck, P.; Petzold, F.; Kieback, B.: Neue Entwicklungen auf dem Gebiet der nicht-strahlbasierten additiven Fertigungsverfahren. In: Tagungsband zur Hagen, 29./30. November. Dortmund: Heimdall, 2018, S. 255–280

[ANGE17] Angelopoulos, V.; Hirsch, M.: PM gear rolling simulations using advanced plasticity material model and improved initial conditions. In: Proceedings of International Conference on Gears 2017. Garching, 13. - 15. September 2017. Düsseldorf: VDI, 2017

[BAI19] Bai, Y.; Wall, C.; Pham, H.; Esker, A.; Williams, C.: Characterizing Binder–Powder Interaction in Binder Jetting Additive Manufacturing Via Sessile Drop Goniometry. In: Journal of Manufacturing Science and Engineering, 141. Jg., 2019, Nr. 1

[BART19] Barthel, B.; Hein, S.; Aumund-Kopp, K.; Petzold, F.: nfluence of Particle Size Distribution in Metal Binder Jetting. In: Shrewsbury, United Kingdom: European Powder Metallurgy Association (EPMA), 2019

[BARU19] Barui, S.; Panda, A.; Naskar, S.; Kuppuraj, R.; Basu, S.; Basu, B.: 3D inkjet printing of biomaterials with strength reliability and cytocompatibility: Quantitative process strategy for Ti-6Al-4V. In: Biomaterials, 213. Jg., 2019

[BEIS12] Beiss, P.: Pulvermetallurgische Fertigungstechnik. Berlin: Springer Vieweg, 2012

[BERG20a] Bergs, T.; Broeckmann, C.; Brimmers, J.; Hallstedt, B.; Scholzen, P.; Rajaei, A.: Optimierung der Wärmebehandlung von hochfesten, gesinterten Zahnrädern. Wärmebehandlung Sinterzahnrad. Forschungsvereinigung Antriebstechnik FVA, 2020

[BERG20b] Bergs, T.; Brimmers, J.; Klee, L.: Binder Jetting. PM Gears in Small Series Production. In: Müller, B. (Hrsg.): Fraunhofer Direct Digital Manufacturing Conference DDMC 2020. Stuttgart: Fraunhofer Verlag, 2020

[BONA19] Bonaiti, L.; Concli, F.; Gorla, C.; Rosa, F.: Bending fatigue behaviour of 17-4 PH gears produced via selective laser melting. In: Procedia Structural Integrity, 24. Jg., 2019, S. 764–774

[BREC11] Brecher, C.: Integrative Produktionstechnik für Hochlohnländer. Berlin: Springer, 2011

[BREC17] Brecher, C.; Löpenhaus, C.; Schroers, M.; Frech, T.; Scholzen, P.: Optimization of NVH-Behavior of Gears by Alternative Gear Materials. In: Proceedings of International Conference on Gears 2017. Garching, 13. - 15. September 2017. Düsseldorf: VDI, 2017

[BRET11] Bretl, N.: Einflüsse auf die Zahnfußtragfähigkeit einsatzgehärteter Zahnräder im Bereich hoher Lastspielzahlen. Dissertation TU München, 2011

[BUCH13] Buchbinder, D.: Selective Laser Melting von Aluminiumgusslegierungen. Diss. RWTH Aachen, 2013

[BÜRG14] Bürgel, R.: Werkstoffmechanik. Bauteile Sicher Beurteilen und Werkstoffe Richtig Einsetzen. 2nd ed. Aufl. Wiesbaden: Springer Fachmedien Wiesbaden GmbH, 2014

[CAO15] Cao, S.; Qiu, Y.; Wei, X.-F.; Zhang, H.-H.: Experimental and theoretical investigation on ultra-thin powder layering in three dimensional printing (3DP) by a novel double-smoothing mechanism.Journal of Materials Processing Technology, S. 231–242

[CHEN16] Chen, H.; Zhao, Y.: Process parameters optimization for improving surface quality and manufacturing accuracy of binder jetting additive manufacturing process. In: Rapid Prototyping Journal, 22. Jg., 2016, Nr. 3, S. 527–538

[COLT21] Colton, T.; Liechty, J.; McLean, A.; Crane, N.: Influence of Drop Velocity and Droplet Spacing on the Equilibrium Saturation Level in Binder Jetting. In: published under a Creative Commons CC BY 4.0 license, 2021

[CONC21] Concli, F.; Bonaiti, L.; Gerosa, R.; Cortese, L.; Nalli, F.; Rosa, F.; Gorla, C.: Bending Fatigue Behavior of 17-4 PH Gears Produced by Additive Manufacturing. In: Applied Sciences, 11. Jg., 2021, Nr. 3019

[COST10] Costa, N.; Machado, N.; Silva, F.: A new method for prediction of nodular cast iron fatigue limit. In: International Journal of Fatigue, 32. Jg., 2010, Nr. 7, S. 988–995

[DIGI20] Digital Metal: DM P2500 Data Sheet. 2020

[DIGI22] Digital Metal: Material Data Sheet 17-4PH. 2022

[DIN16] Norm DIN 17296-2 (Dezember 2016) Additive Fertigung - Grundlagen - Teil 2: Überblick über Prozesskategorien und Ausgangswerkstoffe.

[DIN17a] Norm DIN EN ISO / ASTM 52900 (Juni 2017) Additive Fertigung - Grundlagen - Terminologie.

[DIN17b] Norm DIN EN ISO 3928 (März 2017) Sintermetallwerkstoffe, ausgenommen Hartmetalle - Probekörper für die Ermüdungsprüfung.

[DIN18a] Norm DIN EN ISO 6507-1 (Juli 2018) Metallische Werkstoffe - Härteprüfung nach Vickers - Teil 1: Prüfverfahren.

[DIN18b] Norm DIN 50113 (Dezember 2018) Prüfung metallischer Werkstoffe - Umlaufbiegeversuch.

[DIN20a] DIN 8580 (Januar 2020) Fertigungsverfahren - Begriffe, Einteilung.

[DIN20b] Norm DIN EN 3484 (März 2020) Luft- und Raumfahrt - Stahl X5CrNiCuNb16-4 (1.4549 Typ 1.4542) - Gegossen - Referenz-Wärmebehandlung: diffusionsgeglüht, lösungsgeglüht, ausscheidungsgehärtet und tieftemperaturbehandelt - Vormaterial.

[DIN22a] DIN EN ISO/ASTM 52900 (März 2022) Additive Fertigung - Grundlagen - Terminologie.

[DIN22b] Norm DIN EN ISO 21920-3:2022-12 (Dezember 2022) Geometrische Produktspezifikation (GPS) - Oberflächenbeschaffenheit: Profile - Teil 3: Spezifikationsoperatoren.

[DIN22c] DIN 50100 (Dezember 2022) Schwingfestigkeitsversuch - Durchführung und Auswertung von zyklischen Versuchen mit konstanter Lastamplitude für metallische Werkstoffproben und Bauteile.

[DIN24] Norm DIN EN 10088-1 (April 2024) Nichtrostende Stähle - Teil 1: Verzeichnis der nichtrostenden Stähle.

[DIN87] Norm DIN 3990 Teil 2 (Dezember 1987) Tragfähigkeitsberechnung von Stirnrädern. Berechnung der Grübchentragfähigkeit.

[DIXO48] Dixon, W.; Mood, A.: A Method for Obtaining and Analyzing Sensitivity Data. In: J. Am. Stat. Assoc., 241. Jg., 1948, Nr. 43, S. 109–126

[DIZD12] Dizdar, S.: High-Performance Sintered-Steel Gears for Transmissions and Machinery: A Critical Review. In: Gear Technol., 29. Jg., 2012, Nr. 8, S. 60–65

[DO17] Do, T.; Kwon, P.; Shin, C.: Process development toward full-density stainless steel parts with binder jetting printing. In: International Journal of Machine Tools and Manufacture, 121. Jg., 2017, S. 50–60

[DOUR07] Dourandish, M.; Godlinski, D.; Simchi, A.: 3D Printing of Biocompatible PM-Materials. In: Materials Science Forum, 534-536. Jg., 2007, S. 453–456

[DOYL15] Doyle, M.; Agarwal, K.; Sealy, W.; Schull, K.: Effect of Layer Thickness and Orientation on Mechanical Behavior of Binder Jet Stainless Steel 420 + Bronze Parts. In: Procedia Manufacturing, 1. Jg., 2015, S. 251–262

[DUTT19] Dutta, B.: Science, technology and applications of metals in additive manufacturing. Amsterdam: Elsevier, 2019

[FAN95] Fan Tailin: Droplet-Powder Impact Interaction In Three Dimensional Printing. Dissertation Massachusetts Institute of Technology, 1995

[FKM20] Richtlinie FKM (2020) Rechnerischer Festigkeitsnachweis für Maschinenbauteile.

[FREC15] Frech, T.; Klocke, F.; Gräser, E.: Potential of PM process chains with profile modified densifying tools. In: Proceedings of the International Conference on Gears 2015, International Conference on High Performance Plastic Gears 2015, International Conference on Gear Production 2015. Garching, 5.-7. October. Düsseldorf: VDI, 2015, S. 1357–1366

[FREC19] Frech, T.: Modellierung der Walzkraft beim Dichtwalzen pulvermetallurgisch hergestellter Zahnräder. Diss. RWTH Aachen University, 2019

[GABR20] Gabriel, P.; Höges, S.; Schade, C.; Horvay, H.: Analysis of the Influences on Densification of Metal Binder Jetted Parts Euro PM2020. virtual, 5.-7.10.2020, 2020

[GEBH13] Gebhardt, A.: Generative Fertigungsverfahren. Additive Manufacturing und 3D Drucken für Prototyping - Tooling - Produktion. 4. Aufl. München: Hanser, 2013

[GEBH16] Gebhardt, A.; Kessler, J.; Thurn, L.: 3D-Drucken. Grundlagen und Anwendungen des Additive Manufacturing (AM). 2. Aufl. München: Hanser, 2016

[GIBS15] Gibson, I.; Rosen, D.; Stucker, B.: Additive Manufacturing Technologies: Springer New York, 2015

[GÖTZ22] Götz, S.; Eulitz, K.-G.: Betriebsfestigkeit. Bauteile sicher auslegen! 2nd ed. 2022. Aufl. Wiesbaden: Springer Fachmedien Wiesbaden; Imprint Springer Vieweg, 2022

[GRÄS15] Gräser, E.: Materialfluss beim Dichtwalzen. Diss. RWTH Aachen University, 2015

[GREG96] Gregorski, S.: High green density metal parts by vibrational compaction of dry powder in three dimensional printing process. Diss. Massachusetts Institute of Technology, 1996

[HABE18] Haberhauer, H.: Maschinenelemente. Gestaltung, Berechnung, Anwendung. 18., bearb. Aufl. 2018. Aufl. Berlin, Heidelberg: Springer Verlag, 2018

[HAIB06] Haibach, E.: Betriebsfestigkeit. Verfahren und Daten zur Bauteilberechnung. 3. Aufl. Berlin: Springer, 2006

[HAJE18] Hajeck, M.: Zahnfußtragfähigkeit pulvermetallurgisch hergestellter Zahnräder. Diss. RWTH Aachen, 2018

[HERZ21] Herzog, S.; Radke, F.: Binder Jetting as Complementary Technology to Metal Injection Molding. In: Euro PM 2021 Virtual Congress, 2021

[HÖGA20] Höganäs Group Company (Digital Metal): Materials for 3D printing. Höganäs, 2020

[HUBE21] Huber, D.; Fischer, A.: Richtungsabhängigkeit der mechanischen Eigenschaften von mittels Binder Jetting gefertigtem, rostfreiem 17-4PH Stahl. In: 17th Rapid. Tech 3D Conference Erfurt, Germany, 2021

[HÜCK83] Hück, M.: Ein verbessertes Verfahren für die Auswertung von Treppenstufenversuchen. In: Werkstattstech. online, 24. Jg., 1983, S. 406–417

[ISO18] Norm DIN ISO 1328-1 (März 2018) Zylinderräder - ISO-Toleranzsystem - Teil 1: Definitionen und zulässige Werte für Abweichungen an Zahnflanken.

[ISO19] Norm ISO 6336-3 (November 2019) Calculation of load capacity of spur and helical gears - Part 3: Calculation of tooth bending strength.

[ISSL06] Issler, L.; Häfele, P.; Issler-Ruoß-Häfele; Ruoß, H.: Festigkeitslehre - Grundlagen. 2. Aufl. Berlin: Springer, 2006

[JANS16] Jansson, A.; Edholm, O.: Scale factor and shrinkage in additive manufacturing using binder jetting. Final Thesis KTH, 2016

[KAUF12] Kauffmann, P.: Walzen pulvermetallurgisch hergestellter Zahnräder. Diss. RWTH Aachen University, 2012

[KLAH21] Klahn, C.; Meboldt, M.; Fontana, F.; Leutenecker-Twelsiek, B.; Omidvarkarjan, D.; Jansen, J.: Entwicklung und Konstruktion für die Additive Fertigung. Grundlagen und Methoden für den Einsatz in industriellen Endkundenprodukten. 2. Auflage. Aufl. Würzburg: Vogel Communications Group, 2021

[KLEI17] Klein AG: Datenblatt 17-4PH: 1.4542/AISI 630 - Ausscheidungshärtender martensitischer rostfreier Stahl. 2017

[KLOC17a] Klocke, F.: Fertigungsverfahren 4. Umformen. Bd. Nr. 4, 6. Aufl. Berlin: Springer, 2017

[KLOC17b] Klocke, F.; Broeckmann, C.; Löpenhaus, C.; Frech, T.; Hajeck, M.; Gebhardt, C.; Scholzen, P.: Hochfeste Zahnräder durch pulvermetallurgische Herstellungsverfahren. Abschlusskolloquium zum Schwerpunktprogramm SPP 1551 "Ressourceneffiziente Konstruktionselemente", Deutsche Forschungsgemeinschaft, Bonn, 2017

[KLOC18] Klocke, F.: Fertigungsverfahren 5. Gießen und Pulvermetallurgie. 5. Aufl.: Springer Berlin Heidelberg, 2018

[KLOC24] Klocke, F.; Brecher, C.: Zahnrad- und Getriebetechnik. Auslegung - Herstellung - Untersuchung - Simulation. 2. Aufl. München: Hanser, 2024

[KLOO76] Kloos, K.; Broszeit, E.: Grundsätzliche Betrachtungen zur Oberflächen-Ermüdung. In: J. Mater. Technol., 7. Jg., 1976, Nr. 3, S. 85–124

[KÖCH96] Köcher, J.: Erhöhung der Zahnflankentragfähigkeit einsatzgehärteter Zylinderräder durch Kugelstrahlen. Diss. RWTH Aachen University, 1996

[KOHL11] Kohlhoff, T.; Brinksmeier, E.: Zahnradverzug durch Eigenspannungen aus dem Wälzfräsprozess. In: Zeitschrift für wirtschaftlichen Fabrikbetrieb, 106. Jg., 2011, Nr. 7-8, S. 515–521

[KOTT03] Kotthoff, G.: Neue Verfahren zur Tragfähigkeitssteigerung von gesinterten Zahnrädern. Diss. RWTH Aachen University, 2003

[KRAU16] Krauss, H.: Qualitätssicherung beim Laserstrahlschmelzen durch schichtweise ther-mografische In-Process-Überwachung. Diss. Technische Universität München, 2016

[LANZ01] Lanzetta, M.; Sachs, E.: The Line Formation with Alumina in Drop on Demand Three Dimensional Printing. In: 1st International Seminar on Progress in Innovative Manufacturing Engineering, 2001, S. 189–196

[LÄPP16] Läpple, V.: Einführung in die Festigkeitslehre. Lehr- und Übungsbuch. 4., aktualisierte Auflage. Aufl. Wiesbaden: Springer Vieweg, 2016

[LI20] Li, M.; Du, W.; Elwany, A.; Pei, Z.; Ma, C.: Metal Binder Jetting Additive Manufacturing: A Literature Review. In: Journal of Manufacturing Science and Engineering, 142. Jg., 2020, Nr. 9

[LIU91] Liu, J.: Beitrag zur Verbesserung der Dauerfestigkeitsberechnung bei mehrachsiger Beanspruchung. Dissertation Technische Universität, 1991

[LONG14] Long, E.; Hargrave, G.; Cooper, J.; Kitchener, B.; Parsons, A.; Hewett, C.; Wainwright, J.: Experimental investigation into the impact of a liquid droplet onto a granular bed using three-dimensional, time-resolved, particle tracking. In: Physical review. E, Statistical, nonlinear, and soft matter physics, 89. Jg., 2014, Nr. 3, S. 32201

[LORE20] Lores, A.; Azurmendi, N.; Agote, I.; Andrés, U.: A Step Towards A Robust Binder Jetting Technology Process Parameter Optimization For 17-4PH Steel To Increase Powder Bed Homogeneity. In: Euro PM 2020 Virtual Congress, 2020

[LUKA86] Lukáš, P.; Kunz, L.; Weiss, B.; Stickler, R.: NON-DAMAGING NOTCHES IN FATIGUE. In: Fat Frac Eng Mat Struct, 9. Jg., 1986, Nr. 3, S. 195–204

[MAND06] Mandt, D.: Eigenschaften und Einsatzverhalten von leichten und dämpfenden Werkstoffverbund-Zahnrädern. Diss. RWTH Aachen University, 2006

[MARI20] Mariani, M.: Effect Of Printing Parameters On The Mechanical Strength Of Green Body From Binder Jetting Additive Manufacturing. In: Euro PM2020 Virtual Congress, 2020

[MART11a] Martin, A.; Hinkelmann, K.; Esderts, A.: Zur Auswertung von Schwingfestigkeitsversuchen im Zeitfestigkeitsbereich. Teil 1: Wie zuverlässig können 50%-Wöhlerlinien aus experimentellen Daten geschätzt werden? In: Mater. Test., 2011, Nr. 53, S. 502–512

[MART11b] Martin, A.; Hinkelmann, K.; Esderts, A.: Zur Auswertung von Schwingfestigkeitsversuchen im Zeitfestigkeitsbereich. Teil 2: Wie zuverlässig kann die Standardabweichung aus experimentellen Daten geschätzt werden? In: Mater. Test., 53. Jg., 2011, Nr. 9, S. 513–521

[MEIN99] Meiners, W.: Direktes selektives Laser-Sintern einkomponentiger metallischer Werkstoffe. Diss. RWTH Aachen, 1999

[MIRZ19] Mirzababaei, S.; Pasebani, S.: A Review on Binder Jet Additive Manufacturing of 316L Stainless Steel. In: Journal of Manufacturing and Materials Processing, 3. Jg., 2019, Nr. 3, S. 82

[MIYA16a] Miyanaji, H.; Yang, L.: Equilibrium Saturation in Binder Jetting Additive Manufacturing Processes: Theoretical Model vs. Experimental Observeations. In: Solid Freeform Fabrication 2016, 2016

[MIYA16b] Miyanaji, H.; Yang, L.: Equilibrium Saturation in Binder Jetting Additive Manufacturing Processes: Theoretical Model vs. Experimental Observeations. 2016

[MIYA18] Miyanaji, H.: Binder jetting additive manufacturing process fundamentals and the resultant influences on part quality. Dissertation University of Louisville, 2018

[MOST21] Mostafaei, A.; Elliott, A.; Barnes, J.; Li, F.; Tan, W.; Cramer, C.; Nandwana, P.; Chmielus, M.: Binder jet 3D printing - Process parameters, materials, properties, modeling, and challenges. In: Progress in Materials Science, 119. Jg., 2021

[MURA19] Murakami, Y.: Metal fatigue. Effects of small defects and nonmetallic inclusions. Second edition. Aufl. Amsterdam, London, San Diego, CA: Academic Press an imprint of Elsevier, 2019

[NIEM03] Niemann, G.; Winter, H.: Maschinenelemente. Band 2: Getriebe allgemein, Zahnradgetriebe - Grundlagen, Stirnradgetriebe. Bd. Nr. 2, 2. Aufl. Berlin: Springer, 2003

[PARA19] Parab, N.: Real time observation of binder jetting printing process using high-speed X-ray imaging. In: Scientific reports, 2019, Nr. 1, S. 2499

[POLL20] Pollaschek, J.: Fertigungsgerechte Zahnfußoptimierung von Stirnrädern. Diss. RWTH Aachen University, 2020

[REIM14] Reimann, J.: Randzonenbeeinflussung beim kontinuierlichen Wälzschleifen von Stirnradverzahnungen. Diss. RWTH Aachen University, 2014

[REIN22] Reineke, L.; Barthe, B.; Hein, S.: Analysis Of Powder Characteristics And Powder-Binder-Interaction For Process Parameter Prediction In Metal Binder Jetting (5367722). In: World PM2022 Congress & Exhibition, 2022

[RILL80] Rillaerts, E.; Joos, P.: The dynamic contact angle. In: Chemical Engineering Science, 1980, Nr. 35, S. 883–887

[ROSS64] Rossow, E.: Eine einfache Rechenschiebernäherung an die den Normal Scores entsprechenden Prozentpunkte. In: Qualitätskontrolle, 1964, Nr. 9, S. 146–147

[SAND18] Sandmeyer Steel Company: Datenblatt 17-4PH. 2018

[SCHA07] Schatt, W.; Wieters, K.-P.; Kieback, B.: Pulvermetallurgie. Technologien und Werkstoffe. 1. Aufl. Berlin: Springer, 2007

[SCHL10] Schlecht, B.: Maschinenelemente 2. Getriebe - Verzahnungen - Lager. München: Pearson Studium, 2010

[SCHN18] Schneider, M.; Höges, S.; Wawoczny, D.: Schwingfestigkeit des Stahls 316L - Vergleich zweier generativer Prozessrouten. In: Tagungsband zur Hagen, 29./30. November. Dortmund: Heimdall, 2018, S. 103–133

[SCHN22] Schneider, M.; Wawoczny, D.; Schaak, C.; Koehnen, P.; Schade, C.: The Master Sintering Curve and its Application on a Dual Phase Steel produced by Metal Binder Jetting. In: World PM2022 Congress & Exhibition, 2022

[SCHO24] Scholzen, P.: Auslegung geräuschoptimierter pulvermetallurgischer Stirnradverzahnungen. Diss. RWTH Aachen University, 2024

[SCHU16] Schurer, S.: Einfluss nichtmetallischer Einschlüsse in hochreinen Werkstoffen auf die Zahnfußtragfähigkeit. Diss. Technische Universität München, 2016

[STAH12] Stahl, K.; Tobie, T.; Matt, P.: Empfehlungen zur Vereinheitlichung von Tragfähigkeitsversuchen an vergüteten und gehärteten Zylinderrädern. FVA-Richtlinie Nr. 563/I, Forschungsvereinigung Antriebstechnik e.V., Frankfurt a.M., 2012

[STRE97] Strehl, R.: Tragfähigkeit von Zahnrädern aus hochfesten Sinterstählen. Diss. RWTH Aachen University, 1997

[TANC21] Tancogne-Dejean, T.; Roth, C.; Mohr, D.: Rate-dependent strength and ductility of binder jetting 3D-printed stainless steel 316L: Experiments and modeling. In: International Journal of Mechanical Sciences, 207. Jg., 2021

[TANG20] Tang, Y.; Huang, Z.; Yang, J.; Xie, Y.: Enhancing the Capillary Force of Binder-Jetting Printing Ti6Al4V and Mechanical Properties under High Temperature Sintering by Mixing Fine Powder. In: Metals, 10. Jg., 2020, Nr. 10

[VAEZ11] Vaezi, M.; Chua, C.: Effects of layer thickness and binder saturation level parameters on 3D printing process. In: The International Journal of Advanced Manufacturing Technology, 53. Jg., 2011, Nr. 1-4, S. 275–284

[VDI13] Richtlinie VDI 3405 Blatt 2 (August 2013) Additive Fertigungsverfahren - Strahlschmelzen metallischer Bauteile - Qualifizierung, Qualitätssicherung und Nachbearbeitung.

[VDI14] Richtlinie VDI 3405 (Dezember 2014) Additive Fertigungsverfahren - Grundlagen, Begriffe, Verfahrensbeschreibungen.

[VDMA18] Verband Deutscher Maschinen- und Anlagenbau e.V.: Antrieb im Wandel. Die Elektrifizierung des Antriebsstrangs von Fahrzeugen und ihre Auswirkung auf den Maschinen- und Anlagenbau und die Zulieferindustrie. Bd. Nr. 2018, Frankfurt a.M.

[VERL12] Verlee, B.; Dormal, T.; Lecomte-Beckers, J.: Density and porosity control of sintered 316L stainless steel parts produced by additive manufacturing. In: Powder Metallurgy, 55. Jg., 2012, Nr. 4, S. 260–267

[WÄCH21] Wächter, M.; Müller, C.; Esderts, A.: Angewandter Festigkeitsnachweis nach FKM-Richtlinie. Kurz und bündig. 2., überarbeitete und erweiterte Auflage. Aufl. Wiesbaden: Springer Vieweg, 2021

[WASH21] Washburn, E.: The Dynamics of Capillary Flow. In: Physical Review, 17. Jg., 1921, Nr. 3, S. 273–283

[WOLA98] Wolansky, G.; Marmur, A.: The Actual Contact Angle on a Heterogeneous Rough Surface in Three Dimensions. In: Langmuir, 1998, Nr. 14, S. 5292–5297

[YOUN05] Young, T.: An essay on the cohesion of fluids. In: Philosophical Transactions of the Royal Society of London, 95. Jg., 1805, S. 65–87

[ZENN98] Zenner, H.; Mauch, H.: Statistische Methoden zur Beurteilung von Bauteillebensdauer und Zuverlässigkeit und ihre beispielhafte Anwendung auf Zahnrädern. Abschlussreport zum Forschungsvorhaben Nr. 304, FVA (Forschungsvereinigung Antriebstechnik e. V.), Frankfurt a. M., 1998

[ZIAE17] Ziaee, M.; Tridas, E.; Crane, N.: Binder-Jet Printing of Fine Stainless Steel Powder with Varied Final Density. In: JOM, 69. Jg., 2017, Nr. 3, S. 592–596

[ZISS22] Zissel, K.; Quejido, E.; Deckers, T.; Forêt, P.; Hryha, E.: Binder Jetting – Reusability of 17-4 PH Stainless Steel Powder. In: World PM2022 Congress & Exhibition, 2022

[ZUMO20] Zumofen, L.; Kirchheim, A.; Dennig, H.-J.: Laser powder bed fusion of 30CrNiMo8 steel for quenching and temper-ing: examination of the processability and mechanical properties. Progress in Additive Manufacturing. 2020

12 Anhang

Appendix

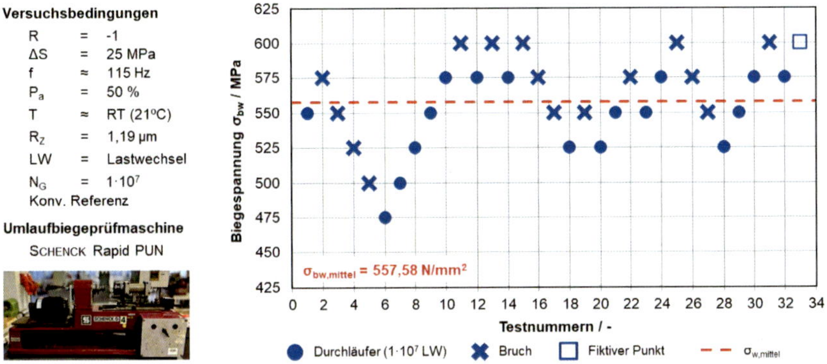

Bild 12-1: Treppenstufe für die der konventionell gefertigten Umlaufbiegeproben aus 17-4PH nach HÜCK [HÜCK83]

Endurance Limit of the conventionally manufactured Rotary Bending Specimens made of 17-4PH according to HÜCK [HÜCK83]

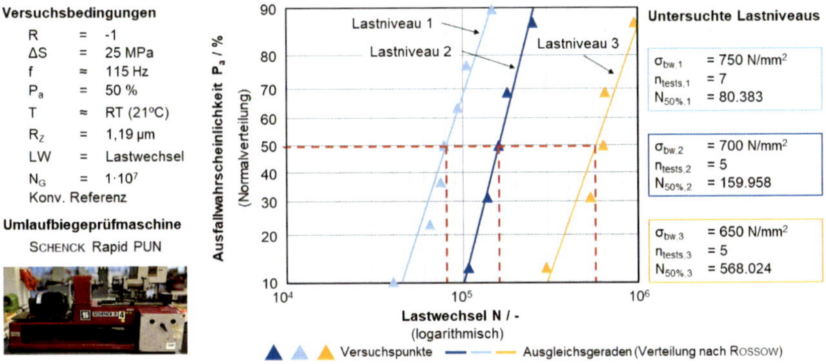

Bild 12-2: Zeitfestigkeit der konventionell gefertigten Umlaufbiegeproben aus 17-4PH nach dem Horizontenverfahren

Fatigue Strength of the conventionally manufactured Rotary Bending Specimens made of 17-4PH according to the Horizon Method

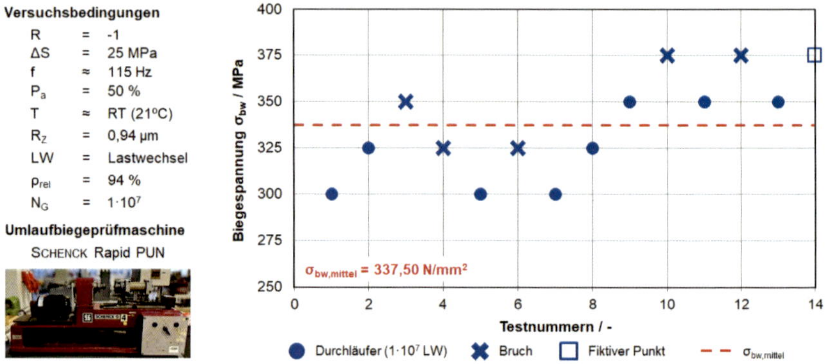

Bild 12-3: Treppenstufe für die BJT Umlaufbiegeproben aus 17-4PH (ρ_{rel} = 94 %) nach HÜCK [HÜCK83]

Endurance Limit for BJT Rotary Bending Specimens made of 17-4PH (ρ_{rel} = 94 %) according to HÜCK [HÜCK83]

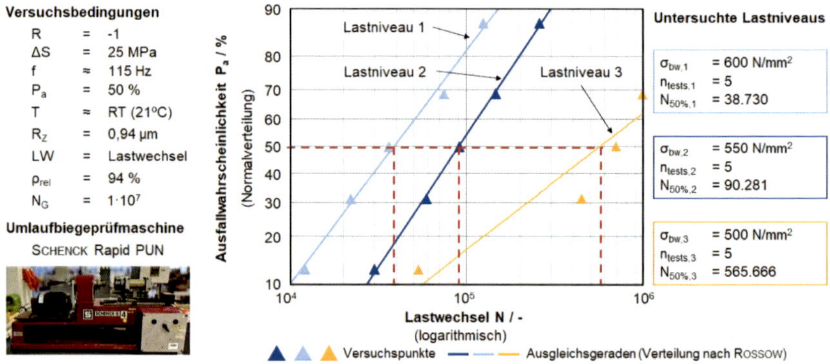

Bild 12-4: Zeitfestigkeit der BJT Umlaufbiegeproben aus 17-4PH (ρ_{rel} = 94 %) nach dem Horizontenverfahren

Fatigue Strength of the BJT Rotary Bending Specimens made of 17-4PH (ρ_{rel} = 94 %) according to the Horizon Method

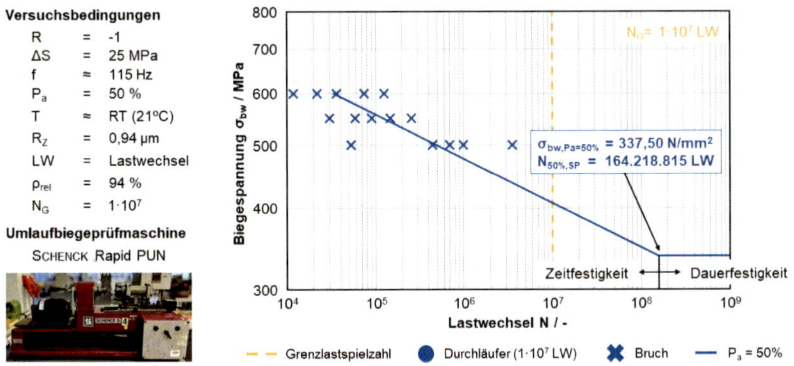

Bild 12-5: Wöhlerlinie der BJT Umlaufbiegeproben aus 17-4PH (ρ_{rel} = 94 %)

SN-Curve of the BJT Rotary Bending Specimens made of 17-4PH (ρ_{rel} = 94 %)

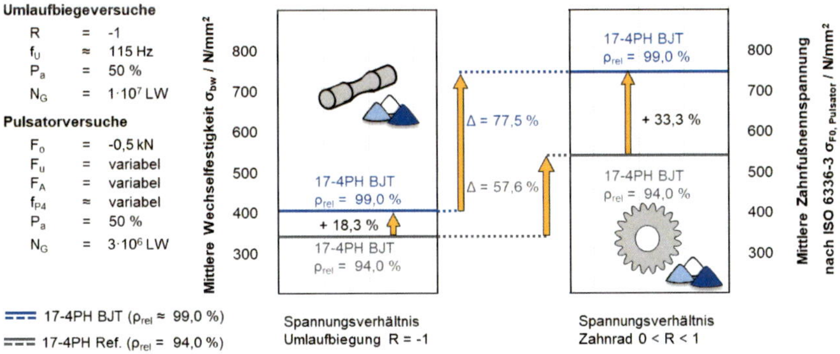

Bild 12-6: Übersicht der ermittelten Binder Jetting Dauerfestigkeiten (17-4PH)

Overview of the Determined Binder Jetting Endurance Strength (17-4PH)

In der Reihe **Ergebnisse aus der Produktionstechnik** zuletzt erschienen:

Klee, Lukas:
Auslegung des Druckprozesses beim Binder Jetting zur Herstellung von Verzahnungen mit hoher Zahnfußtragfähigkeit
ISBN: 978-3-98555-299-3
Erscheinungsdatum: 02.09.2025

Trisjono, Julian Andreas:
Methodik zur Einführung datengetriebener Geschäftsmodelle im Werkzeugbau
ISBN: 978-3-98555-298-6
Erscheinungsdatum: 02.09.2025

Lee, Tae Hun:
Messung und Modellierung der thermo-elastischen Abweichungen von fünfachsigen Werkzeugmaschinen
ISBN: 978-3-98555-294-8
Erscheinungsdatum: 12.08.2025

Schollemann, Alexander:
Strategische Ausrichtung nachhaltiger Produktionsnetzwerke
ISBN: 978-3-98555-293-1
Erscheinungsdatum: 15.07.2025

Welschof, Lukas:
Ermüdungsfestigkeit drahtfunkenerodierter Nickelbasiswerkstoffe für Triebwerksanwendungen
ISBN: 978-3-98555-287-0
Erscheinungsdatum: 10.06.2025

Spindler, Sarah:
Multi-Source Energy Harvesting for Wireless IIoT Sensors
ISBN: 978-3-98555-285-6
Erscheinungsdatum: 02.06.2025

Chhor, Jimmy:
Cyclic Procedure Model for the Continuous Optimization of Digital Business Processes
ISBN: 978-3-98555-271-9
Erscheinungsdatum: 24.03.2025

Mendl-Heinisch, Michael:
Bewertung technischer Produktänderungen mittels prädiktiver Datenanalyse
ISBN: 978-3-98555-267-2
Erscheinungsdatum: 24.03.2025

Pullen, Thomas Wilhelm:
Überwachung des Verschleißzustandes von Bohrwerkzeugen mithilfe von Körperschallsignalen
ISBN: 978-3-98555-268-9
Erscheinungsdatum: 04.03.2025

Lauf, Hendrik:
Identifizierung von Innovationspotenzialen durch die semantische Modellierung des Produktumfelds
ISBN: 978-3-98555-251-1
Erscheinungsdatum: 24.02.2025

Adlon, Katharina:
Montageplanung für Verlagerungen unter Berücksichtigung kulturbedingter Unterschiede
ISBN: 978-3-98555-256-6
Erscheinungsdatum: 03.02.2025

Sohnius, Felix:
Integriertes Qualitäts- und Nachhaltigkeitsmanagement im Aachener Qualitätsmanagement Modell
ISBN: 978-3-98555-257-3
Erscheinungsdatum: 03.02.2025

Edition Wissenschaft
Apprimus

Kunze, Rouwen Elia:
Low Coherence Interferometry for Depth Monitoring in Water Jet Guided Laser Micro Machining
ISBN: 978-3-98555-247-4
Erscheinungsdatum: 27.01.2025

Haase, Bernd:
Datenbasierte Werkzeuglebenszykluskostenanalyse
ISBN: 978-3-98555-255-9
Erscheinungsdatum: 20.01.2025

Ruschitzka, Christina:
Funktionsorientierte Ökologieanalyse im Maschinen- und Anlagenbau
ISBN: 978-3-98555-252-8
Erscheinungsdatum: 08.01.2025

Steinert, Alexander:
Modellprädiktive Regelung aktiver Kühlsysteme von Werkzeugmaschinen zur Kompensation thermo-elastischer Verlagerungen
ISBN: 978-3-98555-245-0
Erscheinungsdatum: 26.11.2024

Voet, Henning:
Ermittlung der Qualitätskosten bei Bauteilen mit unsicherheitsbehafteten geometrischen Merkmalen durch additiv gefertigte Prozessprototypen in Kleinserien
ISBN: 978-3-98555-242-9
Erscheinungsdatum: 17.10.2024

Föhlisch, Nils:
Klassifikationsbasierte Planung flexibler, flussorientierter Mixed-Model-Montagestrukturen
ISBN: 978-3-98555-231-3
Erscheinungsdatum: 16.09.2024

Küpper, Ugur:
Data-driven Model for Process Evaluation in Wire EDM
ISBN: 978-3-98555-260-3
Erscheinungsdatum: 27.01.2025

Krug, Marius:
Reduzierung der Fertigungs-programmvarianz mittels datenbasierter Ähnlichkeitsanalyse
ISBN: 978-3-98555-253-5
Erscheinungsdatum: 20.01.2025

Schlosser, Tino X.:
Gestaltung des Zentralisierungsgrads im Produktionsmanagement globaler Produktionsnetzwerke
ISBN: 978-3-98555-248-1
Erscheinungsdatum: 17.12.2024

Mueller, Aleksandra:
Assistenzsystem zur wissensbasierten Steuerungsrekonfiguration für robotergestützte Automatisierungsprozesse
ISBN: 978-3-98555-244-3
Erscheinungsdatum: 28.10.2024

Latz, Tim:
Methodik zur Förderung von Deep-Tech im Maschinenbau
ISBN: 978-3-98555-243-6
Erscheinungsdatum: 14.10.2024

Keuper, Alexander:
Kompetenzbasierter Ressourceneinsatz in Multientwicklungsprojekt-umgebungen
ISBN: 978-3-98555- 236-8
Erscheinungsdatum: 09.09.2024

Edition Wissenschaft
Apprimus

FSC
www.fsc.org
MIX
Papier | Fördert gute Waldnutzung
FSC® C083411

Kolibri 360 GmbH
Ferdinand-Jühlke-Straße 7
99095 Erfurt, Deutschland
produktsicherheit@kolibri360.de